风雨兼程看南粤
冷暖与共守初心

新中国气象事业 70周年·广东卷

广东省气象局

图书在版编目（CIP）数据

新中国气象事业 70 周年 . 广东卷 / 广东省气象局编著 . -- 北京：气象出版社，2021.8
ISBN 978-7-5029-7151-9

Ⅰ.①新… Ⅱ.①广… Ⅲ.①气象-工作-广东-画册 Ⅳ.①P468.2-64

中国版本图书馆CIP数据核字（2020）第221447号

新中国气象事业70周年·广东卷
Xinzhongguo Qixiang Shiye Qishi Zhounian · Guangdong Juan

广东省气象局　编著

出版发行：气象出版社	
地　　址：北京市海淀区中关村南大街 46 号　邮政编码：100081	
电　　话：010-68407112（总编室）　　010-68408042（发行部）	
网　　址：http://www.qxcbs.com　　E-mail：qxcbs@cma.gov.cn	
策划编辑：周　露	
责任编辑：殷　淼	终　　审：吴晓鹏
责任校对：张硕杰	责任技编：赵相宁
装帧设计：新光洋（北京）文化传播有限公司	
印　　刷：北京地大彩印有限公司	
开　　本：889 mm ×1194 mm　1/16	印　　张：12.25
字　　数：314 千字	
版　　次：2021 年 8 月第 1 版	印　　次：2021 年 8 月第 1 次印刷
定　　价：248.00 元	

本书如存在文字不清、漏印以及缺页、倒页、脱页等，请与本社发行部联系调换

《新中国气象事业70周年·广东卷》编委会

主　　任：庄旭东
副 主 任：刘作挺　曾　琮　熊亚丽　刘锦銮　梁建茵　常　越
成　　员：颜文胜　张晓东　彭黎明　朱　平　谭鉴荣　李春梅
　　　　　易燕明　杨奕波　陈楷荣　陈拥君　李汉彬　黄敏辉

编写组

主　　编：颜文胜
副 主 编：冉　楠　董永春　徐晓君
责任编辑：李　霞　王　伟　朱怡颖
成　　员：余　佳　杨群娜　侯　开　殷美祥　张　彬　任　倩
　　　　　莫　凡　张　周　张　哲　冯新虎　林　雁　朱云霞
　　　　　刘红英　魏　青　唐新宇　陈建军　詹兴伴

总 序

1949 年 12 月 8 日是载入史册的重要日子。这一天，经中央批准，中央军委气象局正式成立，开启了新中国气象事业的伟大征程。

气象事业始终根植于党和国家发展大局，与国家发展同行共进、同频共振。伴随着国家发展的进程，气象事业从小到大、从弱到强、从落后到先进，走出了一条中国特色社会主义气象发展道路。新中国成立后，我们秉持人民利益至上这一根本宗旨，统筹做好国防和经济建设气象服务。在国家改革开放的大潮中，我们全面加速气象现代化建设，在促进国家经济社会发展和保障改善民生中实现气象事业的跨越式发展。党的十八大以来，我们坚持以习近平新时代中国特色社会主义思想为指导，坚持在贯彻落实党中央决策部署和服务保障国家重大战略中发展气象事业，开启了现代化气象强国建设的新征程。70 年气象事业的生动实践深刻诠释了国运昌则事业兴、事业兴则国家强。

气象事业始终在党中央、国务院的坚强领导和亲切关怀下，与伟大梦想同心同向、逐梦同行。党和国家始终把气象事业作为基础性公益性社会事业，纳入经济社会发展全局统筹部署、同步推进。毛泽东主席关于气象部门要把天气常常告诉老百姓的指示，成为气象工作贯穿始终的根本宗旨。邓小平同志强调气象工作对工农业生产很重要，江泽民同志指出气象现代化是国家现代化的重要标志，胡锦涛同志要求提高气象预测预报、防灾减灾、应对气候变化和开发利用气候资源能力，都为气象事业发展指明了方向，鼓舞着我们奋勇前行。习近平总书记特别指出，气象工作关系生命安全、生产发展、生活富裕、生态良好，要求气象工作者推动气象事业高质量发展，提高气象服务保障能力，为我们以更高的政治站位、更宽的国际视野、更强的使命担当实现更大发展，提供了根本遵循。

在党中央、国务院的坚强领导下，一代代气象人接续奋斗、奋力拼搏，气象事业发生了根本性变化，取得了举世瞩目的成就。

70 年来，我们紧紧围绕国家发展和人民需求，坚持趋利避害并举，建成了世界上保障领域最广、机制最健全、效益最突出的气象服务体系。

面向防灾减灾救灾，我们努力做到了重大灾害性天气不漏报，成功应对了超强台风、特大洪水、低温雨雪冰冻、严重干旱等重大气象灾害，为各级党委政府防灾减灾部署和人民群众避灾赢得了先机。我们建成了多部门共享共用的国家突发事件预警信息发布系统，努力做到重点灾害预警不留盲区，预警信息可在 10 分钟内覆盖 86% 的老百姓，有效解决了"最后一公里"问题，充分发挥了气象防灾减灾第一道防线作用。

面向生态文明建设，我们构建了覆盖多领域的生态文明气象保障服务体系，打造了人工影响天气、气候资源开发利用、气候可行性论证、气候标志认证、卫星遥感应用、大气污染防治保障等服务品牌，开展了三江源、祁连山等重点生态功能区空中云水资源开发利用，完成了国家和区域气候变化评估，组织了四次全国风能资源普查，探索建设了国家气象公园，建立了世界上规模最大的现代化人工影响天气作业体系，人工增雨（雪）覆盖500万平方公里，防雹保护达50多万平方公里，有力推动了生态修复、环境改善，气象已经成为美丽中国的参与者、守护者、贡献者。

面向经济社会发展，我们主动服务和融入乡村振兴、"一带一路"、军民融合、区域协调发展等国家重大战略，主动服务和融入现代化经济体系建设，大力加强了农业、海洋、交通、自然资源、旅游、能源、健康、金融、保险等领域气象服务，成功保障了新中国成立70周年、北京奥运会等重大活动和南水北调、载人航天等重大工程，积极引导了社会资本和社会力量参与气象服务，服务领域已经拓展到上百个行业、覆盖到亿万用户，投入产出比达到1：50，气象服务的经济社会效益显著提升。

面向人民美好生活，我们围绕人民群众衣食住行健康等多元化服务需求，创新气象服务业态和模式，大力发展智慧气象服务，打造"中国天气"服务品牌，气象服务的及时性、准确性大幅提高。气象影视服务覆盖人群超过10亿，"两微一端"气象新媒体服务覆盖人群超6.9亿，中国天气网日浏览量突破1亿人次，全国气象科普教育基地超过350家，气象服务公众覆盖率突破90%，公众满意度保持在85分以上，人民群众对气象服务的获得感显著增强。

70年来，我们始终坚持气象现代化建设不动摇，建成了世界上规模最大、覆盖最全的综合气象观测系统和先进的气象信息系统，建成了无缝隙智能化的气象预报预测系统。

综合气象观测系统达到世界先进水平。气象观测系统从以地面人工观测为主发展到"天—地—空"一体化自动化综合观测。现有地面气象观测站7万多个，全国乡镇覆盖率达到99.6%，数据传输时效从1小时提升到1分钟。建成了216部雷达组成的新一代天气雷达网，数据传输时效从8分钟提升到50秒。成功发射了17颗风云系列气象卫星，7颗在轨运行，为全球100多个国家和地区、国内2500多个用户提供服务，风云二号H星成为气象服务"一带一路"的主力卫星。建立了生态、环境、农业、海洋、交通、旅游等专业气象监测网，形成了全球最大的综合气象观测网。

气象信息化水平显著增强。物联网、大数据、人工智能等新技术得到深入应用，形成了"云＋端"的气象信息技术新架构。建成了高速气象网络、海量气象数据库和国产超级计算机系统，每日新增的气象数据量是新中国成立初期的 100 多万倍。新建设的"天镜"系统实现了全业务、全流程、全要素的综合监控。气象数据率先向国内外全面开放共享，中国气象数据网累计用户突破30万，海外注册用户遍布70多个国家，累计访问量超过5.1亿人次。

气象预报业务能力大幅提升。从手工绘制天气图发展到自主创新数值天气预报，从站点预报发展到精细化智能网格预报，从传统单一天气预报发展到面向多领域的影响预报和风险预警，气象预报预测的准确率、提前量、精细化和智能化水平显著提高。全国暴雨预警准确率达到88%，强对流预警时间提前至38分钟，可提前3～4天对台风路径做出较为准确的预报，达到世界先进水平。2017年中国气象局成为世界气象中心，标志着我国气象现代化整体水平迈入世界先进行列！

70年来，我们紧跟国家科技发展步伐和世界气象科技发展趋势，大力加强气象科技创新和人才队伍建设，我国气象科技创新由以跟踪为主转向跟跑并跑并存的新阶段。

建立了较为完善的国家气象科技创新体系。我们不断优化气象科技创新功能布局，形成了气象部门科研机构、各级业务单位和国家科研院所、高等院校、军队等跨行业科研力量构成的气象科技创新体系。强化气象科技与业务服务深度融合，大力发展研究型业务。加快核心关键技术攻关，雷达、卫星、数值预报等技术取得重大突破，有力支撑了气象现代化发展。坚持气象科技创新和体制机制创新"双轮驱动"，形成了更具活力的气象科技管理制度和创新环境。气象科技成果获国家自然科学奖26项，获国家科技进步奖67项。

科技人才队伍建设取得丰硕成果。我们大力实施人才优先战略，加强科技创新团队建设。全国气象领域两院院士35人，气象部门入选"千人计划""万人计划"等国家人才工程25人。气象科学家叶笃正、秦大河、曾庆存先后获得国际气象领域最高奖，叶笃正获国家最高科学技术奖。一系列科技创新成果和一大批科技人才有力支撑了气象现代化建设。

70年来，我们坚持并完善气象体制机制、不断深化改革开放和管理创新，气象事业从封闭走向开放、从传统走向现代、从部门走向社会、从国内走向全球。

领导管理体制不断巩固完善。坚持并不断完善双重领导、以部门为主的领导管理体制和双重计划财务体制，遵循了气象科学发展的内在规律，实现了气象现代化全国统一规划、统一布局、统一建设、统一管理，形成了中央和地方共同推进气象事业发展、共同建设气象现代化的格局，满足了国家和地方经济社会发展对气象服务的多样化需求。

各项改革不断深化。坚持发展与改革有机结合，协同推进"放管服"改革和气象行政审批制度改革，全面完成国务院防雷减灾体制改革任务，深入推进气象服务体制、业务科技体制、管理体制等改革，初步建立了与国家治理体系和治理能力现代化相适应的业务管理体系和制度体系，为气象事业高质量发展注入强大动力。

开放合作力度不断加大。 与近百家单位开展务实合作，形成了省部合作、部门合作、局校合作、局企合作的全方位、宽领域、深层次国内开放合作格局。先后与160多个国家和地区开展了气象科技合作交流，深度参与"一带一路"建设，为广大发展中国家提供气象科技援助，100多位中国专家在世界气象组织、政府间气候变化专门委员会等国际组织中任职，气象全球影响力和话语权显著提升，我国已成为世界气象事业的深度参与者、积极贡献者，为全球应对气候变化和自然灾害防御不断贡献中国智慧和中国方案。

气象法治体系不断健全。 建立了《气象法》为龙头，行政法规、部门规章、地方法规组成的气象法律法规制度体系，形成了由国家、地方、行业和团体等各类标准组成的气象标准体系，气象事业进入法治化发展轨道。

70年来，我们始终坚持党对气象事业的全面领导，以政治建设为统领，全面加强党的建设，在拼搏奉献中践行初心使命，为气象事业高质量发展提供坚强保证。

70年来，气象事业发展历程中人才辈出、精神璀璨，有夙夜为公、舍我其谁的开创者和领导者，有精益求精、勇攀高峰的科学家，有奋楫争先、勇挑重担的先进模范，有甘于清苦、默默奉献的广大基层职工。一代代气象人以服务国家、服务人民的深厚情怀，谱写了气象事业跨越式发展的壮丽篇章；一代代气象人推动着气象事业的长河奔腾向前，唱响了砥砺奋进的动人赞歌；一代代气象人凝练出"准确、及时、创新、奉献"的气象精神，激发起干事创业的担当魄力！

70年的发展实践，我们深刻地认识到，**坚持党的全面领导是气象事业的根本保证**。70年来，在党的领导下，气象事业紧贴国家、时代和人民的要求，实现健康持续发展。我们坚持以习近平新时代中国特色社会主义思想为指导，增强"四个意识"，坚定"四个自信"，做到"两个维护"，把党的领导贯穿和体现到气象事业改革发展各方面各环节，确保气象改革发展和现代化建设始终沿着正确的方向前行。**坚持以人民为中心的发展思想是气象事业的根本宗旨**。70年来，我们把满足人民生产生活需求作为根本任务，把保护人民生命财产安全放在首位，把老百姓的安危冷暖记在心上，把为人民服务的宗旨落实到积极推进气象服务供给侧结构性改革等各方面工作，促进气象在公共服务领域不断做出新的贡献。**坚持气象现代化建设不动摇是气象事业的兴业之路**。70年来，我们坚定不移加强和推进气象现代化建设，以现代化引领和推动气象事业发展。我们按照新时代中国特色社会主义事业的战略安排，谋划推进现代化气象强国建设，确保气象现代化同党和国家的发展要求相适应、同气象事业发展目标相契合。**坚持科技创新驱动和人才优先发展是气象事业的根本动力**。70 年来，我们大力实施科技创新战略，着力建设高素质专业化干部人才队伍，集中攻关制约气象事业发展的核心关键技术难题，促进了气象科技实力和业务水平的不断提升。**坚持深化改革扩大开放是气象事业的活力源泉**。70 年来，我们紧跟国家步伐，全面深化气象改革开放，认识不断深化、力度不断加大、领域不断拓展、成效不断显现，推动气象事业在不断深化改革中披荆斩棘、破浪前行。

铭记历史，继往开来。《新中国气象事业 70 周年》系列画册选录了 70 年来全国各级气象部门最具有历史意义的图片，生动全面地记录了气象事业的发展足迹和突出贡献。通过系列画册，面向社会充分展示了气象事业 70 年来的生动实践、显著成就和宝贵经验；展现了气象事业对中国社会经济发展、人民福祉安康提供的强有力保障、支撑；树立了"气象为民"形象，扩大中国气象的认知度、影响力和公信力；同时积累和典藏气象历史、弘扬气象人精神，能够推动气象文化建设，凝聚共识，汇聚推进气象事业改革发展力量。

在新的长征路上，气象工作责任更加重大、使命更加光荣，我们将以习近平新时代中国特色社会主义思想为指导，不忘初心、牢记使命，发扬优良传统，加快科技创新，做到监测精密、预报精准、服务精细，推动气象事业高质量发展，提高气象服务保障能力，发挥气象防灾减灾第一道防线作用，以永不懈怠的精神状态和一往无前的奋斗姿态，为决胜全面建成小康社会、建设社会主义现代化国家做出新的更大贡献！

中国气象局党组书记、局长：刘雅鸣

2019 年 12 月

前 言

初心不改，在"科技强国"的使命中砥砺前行；矢志不渝，在一往无前的进取精神中步履坚实。在中华人民共和国喜庆70周年华诞之际，广东省气象部门聚焦广东省气象事业发展历程、特色、成就和经验，用《新中国气象事业70周年·广东卷》画册全方位展示广东省气象现代化建设成就。70年的时光记载着广东气象人的梦想与坚持。

无论我们走得多远，都不能忘记来时的路。广东气象人用远见卓识、艰苦奋斗，奠定了广东省气象事业发展的基础。中华人民共和国成立之初，在满目疮痍的土地上建立起来的全省气象台站属军队建制。1954年10月，广东省气象局（一级局）正式成立。广东省气象部门坚持以人为本、服务民生、服务国家战略实施，始终把保障人民生命财产安全和经济社会发展放在工作的首位。经过70年发展，广东省气象事业在党和政府的领导、重视和关怀下，走出了中国特色社会主义气象事业发展道路，在气象观测、气象预报预测、气象服务、气象科技创新等方面全方位稳居全国前列，防灾减灾成效显著。

70年来，广东省气象灾害监测预报预警能力持续增强。基本构建起政府主导、部门联动、社会力量广泛参与的防御机制和应急体系，气象部门充当"消息树"和"发令枪"，气象监测预报预警和防灾减灾能力取得长足进步，提升了气象防灾减灾救灾的效果。

70年来，广东省气象保障经济社会发展和民生福祉水平不断提高。作为政府公共服务的重要组成部分，广东省气象服务不断创新，秉持"你的冷暖，在我心中；你若安好，便是晴天"的服务理念，广东省气象服务涵盖100多个部门和行业，公众可随时随地获得智能型的天气服务，有力提升了气象事业的地位和影响力。

70年来，广东省气象科技创新核心关键技术屡获突破。以需求为导向，广东省气象科技创新能力不断提升，持之以恒地抢占气象科技制高点。建立了南海海洋气象数值预报系统（GRAPES-MAMS），对南海台风的预报水平全球领先。在全国率先开展精细化智能网格预报业务，为气象防灾减灾救灾提供了强有力的支撑。

铭记历史，继往开来。广东省气象事业蓬勃发展，是几代广东气象人秉承着"敢为天下先"的广东精神，不断探索、顽强拼搏的结果。广东省气象部门决心以习近平新时代中国特色社会主义思想为指导，不断增强"四个意识"，坚定"四个自信"，坚决做到"两个维护"，筑牢信仰之基、补足精神之钙，把习近平新时代中国特色社会主义思想落实为推进改革发展稳定和党的建设各项工作的实际行动，把初心使命变成党员干部锐意进取、开拓创新的精气神和埋头苦干、真抓实干的自觉行动，以求真务实作风贯彻和落实党中央决策部署，谋划和推动气象事业高质量发展。习近平总书记说："建成社会主义现代化强国，实现中华民族伟大复兴，是一场接力跑。"广东省气象事业已经跑出了一个好成绩，我们坚信，将来会跑出更好的成绩！

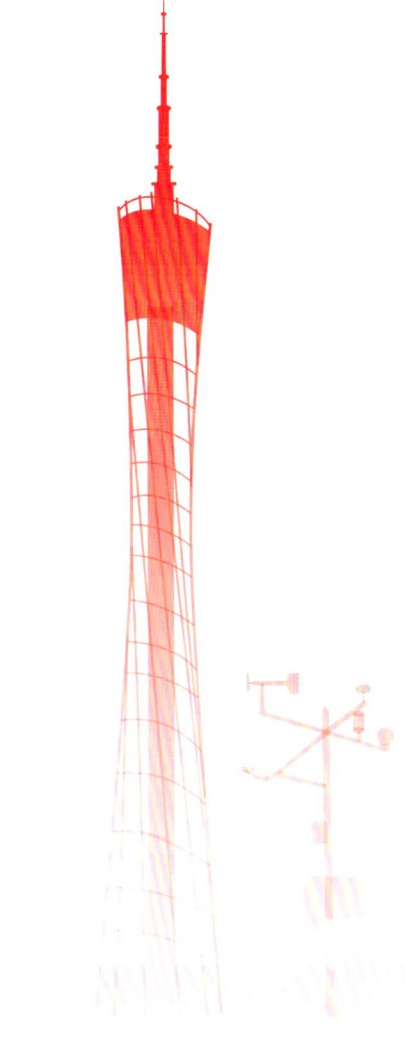

目 录

- 总序
- 前言
- 风雨兼程七十载　冷暖与共守初心 1
- 亲切关怀篇 5
- 气象服务篇 19
- 气象业务篇 57
- 气象科技篇 89
- 气象管理篇 113
- 开放与合作篇 125
- 精神文明建设篇 137
- 台站建设篇 151
- 奉献与光荣篇 167

风雨兼程七十载
冷暖与共守初心

　　70年前，南粤大地风起云涌，换了人间。70年间，珠江潮起潮落，南海百舸争流。从新中国成立初期一个经济落后的农业省份，到经济总量连续30年位居全国第一的经济大省，广东省实现了历史性跨越。作为改革开放的排头兵、先行地、实验区，广东的发展奇迹成为了中国迈向高质量发展的一个缩影。在70年披荆斩棘、高歌奋进的日子里，广东气象人始终把保障人民生命财产安全和经济社会发展放在首位，秉承"敢闯敢试、敢为人先"的精神，积极进取，开拓创新，与共和国一起走过了不平凡的岁月。

发展历程

广东省气象事业发展历程大致可划分为五个阶段，分别为艰苦创建阶段、停滞不前阶段、开放拓展阶段、快速发展阶段、优化发展阶段。

▶ 艰苦创建阶段（1949—1965年）

从中华人民共和国成立至1953年12月，广东省气象部门归军队建制。1954年，气象部门转归地方政府建制，各地、县逐步建立了台或站等业务机构。这一时期，因指导思想明确，在台站网建设、人员培训、积极为军事和社会经济发展服务等方面做的大量工作，较好体现了"建设、统一、服务"方针和"分区建设、集中领导"原则，为广东省气象事业的发展奠定了重要基础。

▶ 停滞不前阶段（1966—1977年）

"文化大革命"期间，广东省气象部门体制经历了多次变动，县站遭受了很大的破坏。广东省气象工作者克服干扰，坚守岗位坚持工作。1976年，广东省热带海洋气象研究所成立。这一时期，气象业务、科学研究、人才培养均受到严重干扰，许多工作处于停顿或半停顿状态，气象事业停滞不前。

▶ 开放拓展阶段（1978—1999年）

党的十一届三中全会之后至1980年4月，广东省各地（市）气象局、处、台和县气象局、站得到恢复。至1987年底，覆盖全省、较为成熟的市、县气象机构逐步形成。在这一时期开始的粤港气象合作为气象业务注入了变革的因子，通过提升气象服务质量，气象工作得到了政府、社会、公众前所未有的关心和关注，气象事业融入政府和社会发展的步伐加快。

▶ 快速发展阶段（2000—2011年）

继1997年广东省人民代表大会颁布《广东省气象管理规定》和1999年广东省政府出台《广东省防御雷电灾害管理规定》之后，广东省气象事业走上了依法发展的"快车道"。以高水平服务2010年广州亚运会为契机，气象业务现代化水平不断提升。学习借鉴港澳地区经验，广东省的气象灾害预警信号规范化管理工作走在了全国前列。这一阶段，广东省初步构筑起"政府主导、部门联动、全社会参与"的气象防灾减灾体系，气象事业得到了一个大发展。

▶ 优化发展阶段（2012年至今）

中国共产党第十八次全国代表大会以来，在省部合作强有力的支持下，广东的"平安珠三角""平安山区""平安海洋"三大气象保障工程持续推进，气象灾害监测预报预警能力持续增强，气象防灾减灾效益稳步提升，气象保障经济社会发展和民生福祉能力水平不断增强。2015年底，广东省在全国率先基本实现气象现代化。至2018年，气象服务总体满意度在省情调查研究中已连续9年位居全省40类政府公共服务前列，气象灾害对 GDP 的影响率最近 10 年连续低于 0.8% 的目标值，因气象灾害致死人数从百位数降至十位数。这一阶段，广东省基本建立起与气象现代化水平相适应的体制机制，稳中求进，对标国内外"最优、最好、最先进"，朝着更高水平、更加国际化的气象现代化迈进。

基本经验

新中国成立 70 年来，特别是改革开放 40 多年来，广东气象在改革发展中一次次探索前行，积累了有益的经验。

一是注重加强党的建设，始终坚持党对气象工作的领导。推动全面从严治党向纵深发展，以坚强的政治保证推动广东省气象部门在改革发展中屡创实绩。

二是坚持以人民为中心，在保障民生和维护安全中有为、有位。不断完善以群众需求为核心的气象发展格局，为开辟气象事业高质量发展广阔前景找准了根本出发点和落脚点。

三是发扬"敢闯敢试、敢为人先"的精神，创造性开展工作。尊重干部职工的首创精神，支持改革，鼓励探索，不仅为广东省气象工作增添了动力，更为中国特色气象事业注入了活力。

四是坚持依靠科技进步，坚定走气象现代化之路。着眼核心技术自主研发，建设区域数值天气预报重点实验室，率先开展数字网格预报业务，实现对南海台风的预报水平领先于世界。

五是坚持公共气象和专业气象的有机结合，建立充满活力的气象事业发展格局。把公共气象服务与专业气象服务一同视作气象事业发展中不可或缺的基础支撑，做到社会效益和经济效益的统一。

六是坚持依法发展，注重强化气象部门的社会管理职能。通过履行气象防灾减灾和天气预警、气象公共安全、气象应急服务、防雷减灾、人工影响天气、生态气象服务、探测环境保护等部门职能，不断推动气象事业依法发展。

展望未来

为中国人民谋幸福，为中华民族谋复兴，是中国共产党人的初心和使命。展望未来，广东省气象部门决心以习近平新时代中国特色社会主义思想为指导，树牢"四个意识"，坚定"四个自信"，坚决做到"两个维护"，切实强化政治责任、保持政治定力、把准政治方向、提升政治能力，增强斗争精神，勇于担当作为，以求真务实的作风推动气象事业高质量发展，为保障广东省经济社会发展和满足人民对美好生活的向往提供更加优质的气象服务，为广东省"四个走在全国前列"、当好"两个窗口"提供更加优质的气象保障。

亲切关怀篇

70年来,在各级党政领导的高度重视和关怀下,广东气象人振奋精神,砥砺前行,抓住发展机遇,一步一个脚印,气象事业稳步发展,成绩斐然。尤其是近年来,在省部合作的有力推动下,广东省在全国率先基本实现气象现代化,正朝着进一步提升气象综合防灾减灾能力、瞄准国际先进水平的气象现代化迈进。

各级党政领导对广东省气象事业高度重视和关怀

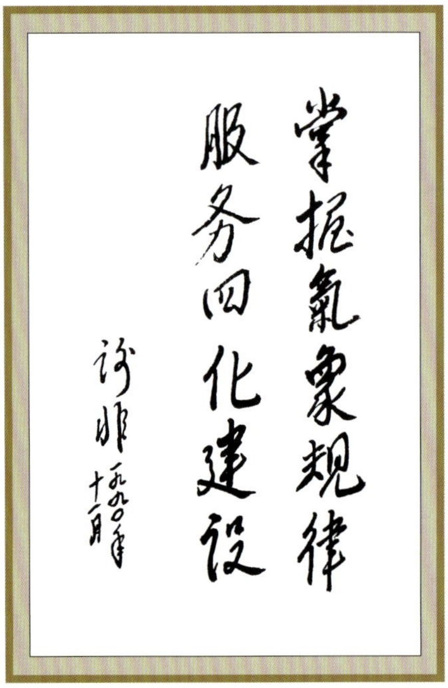

▲ 1990年，广东省委副书记谢非题词

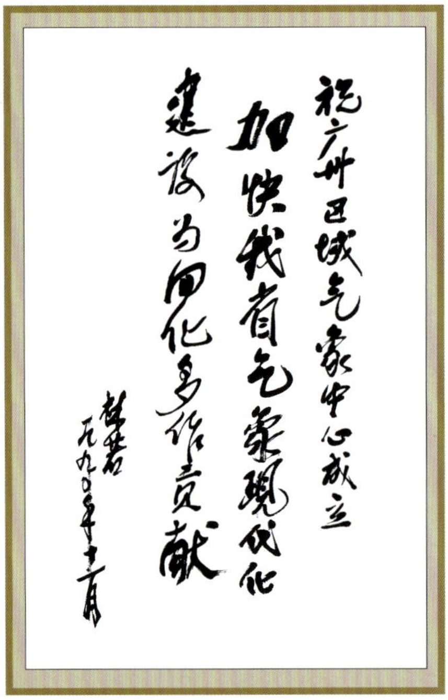

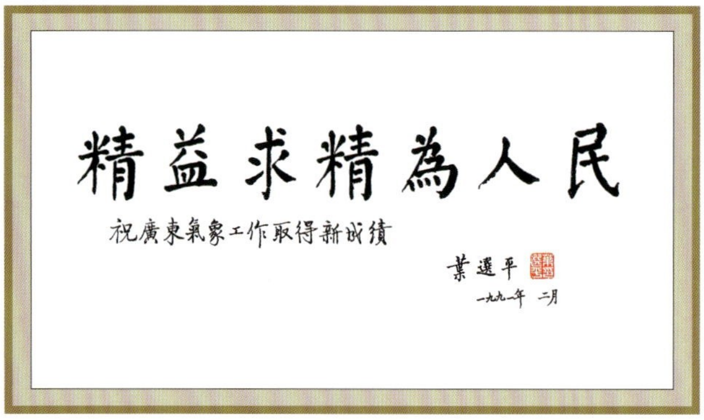

▲ 1991年，全国政协副主席、广东省省长叶选平题词

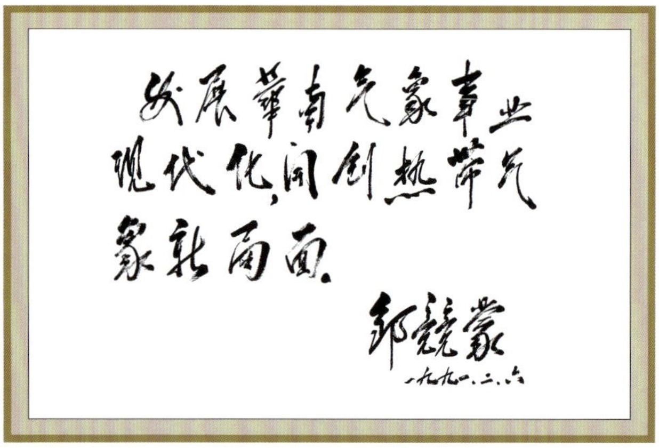

▲ 1991年，世界气象组织主席、国家气象局局长邹竞蒙题词

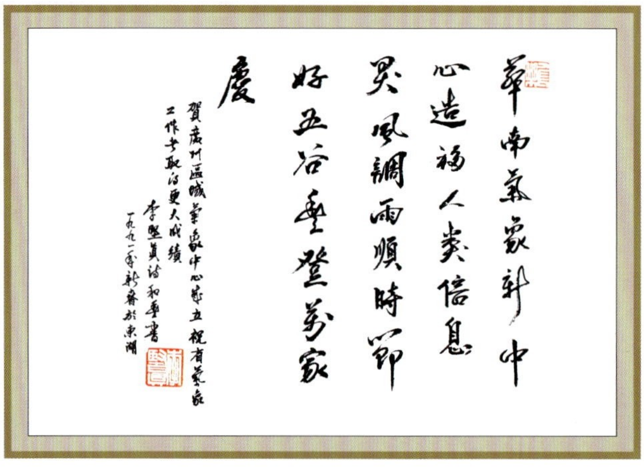

▲ 1990年，广东省人大常委会主任、省委书记林若题词

▲ 1991年，原广东省委书记、原广东省人大常委会主任、老红军李坚真大姐以客家山歌的形式为广东气象题词

▲ 1989年,广东省人大常委会主任、省委书记林若(中)视察广州气象卫星地面站

▲ 1990年9月,广东省委副书记谢非(站立人员左二)到广州气象卫星地面站观看我国第二颗气象卫星"风云一号"B星发射和地面接收的全过程

▲ 1991年,世界气象组织主席、国家气象局局长邹竞蒙(左)在广州会见广东省省长叶选平(右)

▲ 1991年,国家气象局副局长章基嘉(右)、广东省气象局局长谢国涛(左)与广东省副省长卢钟鹤(中)共商气象工作

▲ 1991年,广东省副省长凌伯棠(中)听取广东省气象局局长谢国涛(右)工作汇报

▲ 1991年,广东省委副书记郭荣昌(前排右)到广东省气象局检查工作

▶ 1996年1月，广东省委书记谢非（前排左二）视察广东省气象局

▲ 1997年，中国气象局局长温克刚（右三）检查广东省气象部门基层气象台站建设工作

▲ 2001年5月，广东省省长卢瑞华（左）与中国气象局局长秦大河（中）共商广东省气象事业发展

▲ 1997年3月，中国气象局名誉局长邹竞蒙（右六）与法国气象专家在广州气象卫星地面站调研

2003年8月,广东省副省长李容根(前排右三)到韶关检查人工影响天气抗旱工作

2005年9月,中国气象局副局长宇如聪(左一)参观广东气象科普馆

2005年12月,广东省委副书记欧广源(前排中)到广东气象影视中心检查指导工作

2006年12月,广东省委副书记、省长黄华华(前排左二)希望广东省气象部门继续办好"雨水工程"

2007年7月,广东省常务副省长黄龙云(右三)、中国科学院院士秦大河(右二)到广东省气象局进行调研

▲ 2011年5月,广东省副省长刘昆(前排右一)到广东省气象局检查工作

▲ 2014年2月,广东省委副书记马兴瑞(前排左)到广东省气象局检查指导工作

亲切关怀篇 **广东**

▲ 2014年，建党93周年之际，广东省委常委、组织部部长李玉妹（左四）看望、慰问广东省气象局离休老干部、老党员刘旭（左三）

▲ 2016年4月，中国气象局副局长于新文（左二）到中国气象局南海（博贺）海洋气象野外科学试验基地检查工作

◀ 2015年4月，广东省省长朱小丹（左）视察广东省气象局，并为广东省突发事件预警信息发布中心揭牌

◀ 2016年11月，世界气象组织基本系统委员会（CBS）会议召开期间，中国气象局局长郑国光（右二）、广东省副省长李春生（右一）会见出席会议的世界气象组织主席戴维·格莱姆斯（左二）、秘书长佩蒂瑞·塔拉斯（左一）等

▲ 2017年10月，中国气象局副局长余勇（站立人员左三）一行到汕尾市气象局检查工作

▲ 2017年11月，中国气象局原副局长许小峰（左五）考察茂名大竹洲岛

▲ 2018年5月，中国气象局副局长沈晓农（前左二）到广东省突发事件预警信息发布中心检查短时临近预报预警服务业务平台，并与一线业务人员深入交流

▲ 2019年10月，中国气象局副局长矫梅燕（前排左四）到江门市上川岛国家基准气候站调研

2018年11月，中国气象局局长刘雅鸣（中）到江门市台山市综合防灾减灾救灾指挥中心调研 ▶

重要会议与活动

▲ 1954 年 8 月，广东省气象科召开第三届气象工作会议

▲ 1955 年 2 月，中央气象局广州中心气象台、广东省人民委员会气象局召开庆功表模大会

1956 年 3 月，广东省气象工作会议召开 ▶

▲ 1995年6月，全国气象部门纪检监察审计工作会议在广州召开

▲ 2003年1月，全省（广东省）气象局长会议在广州召开

▲ 2007年4月，中国气象局广州区域气象中心、武汉区域气象中心工作会议在东莞召开

2007年6月,广东省人民政府主持召开新中国成立后第二次全省气象工作会议

2009年3月,广东省农业厅与广东省气象局签署合作协议

2009年7月,中国气象局与广东省人民政府签署《共同推进珠江三角洲地区气象防灾减灾工作合作协议》

2012年3月，中国气象局和广东省人民政府在北京签署《加快气象现代化试点省建设合作备忘录》

2012年8月，珠三角气象灾害监测预警中心建设启动

2012年8月，广东省人民政府召开第三次全省气象工作会议，部署广东率先基本实现气象现代化的各项工作

2014年8月,广东省委、省政府召开全面深化气象管理体制改革试点工作部署会议

2016年1月,中国气象局与广东省人民政府签署《全面推进气象现代化合作备忘录(2016—2020年)》

2017年5月,广东省委副书记、省长马兴瑞(左列近三)和中国气象局局长刘雅鸣(右列近二)出席省部合作联席会议

气象服务篇

广东省是气象灾害大省。广东省气象部门依托气象科技发展,加强突发事件预警信息发布,积极融入全社会综合防灾"大应急"体系,最大限度减少气象灾害造成的损失,坚决完成党和人民赋予的光荣使命。

坚持以人民为中心,坚持公共气象服务发展方向,通过提升气象业务体系现代化水平,搭乘信息化发展高速列车,气象信息服务质量和传播能力得到质的飞越,气象服务领域得到全面拓展。发展了丰富、实用、有趣的精细化气象服务系统和产品,气象信息成为公众日常生活的"必需品",公众服务满意度连续 10 年位居 40 项政府公共服务前列。专业服务保障行业生产减损增效,研发精细化和基于影响的专业气象服务技术。积极推进气象服务社会化,实现了气象服务从部门"独唱"到社会"合唱"的转变,并当好"合唱团"的"领唱"。

气象防灾减灾服务

▶ 开拓预警信息发布新领域，贡献国家社会防灾减灾救灾体系

广东省气象局积极推进广东省突发事件预警信息发布体系建设。2007年，受台风"帕布"影响，湛江出现"大暴雨将引发大地震"的谣言，气象部门紧急发布280万余条突发公共事件预警信息短信进行辟谣，稳定了民心。2012年3月，中国气象局与广东省人民政府签署《加快气象现代化试点省建设合作备忘录》。2015年4月，广东省突发事件预警信息发布中心正式挂牌，全省先后成立各级突发事件预警信息发布中心或相关机构102个。2016年，广东省突发事件预警信息发布中心搬迁至广州五山新址。

2007年，媒体对湛江"大暴雨将引发大地震"辟谣的报道

2007年12月，广东省气象局副局长林献民参加南方电视台举办的"南方盛典"颁奖礼，代表广东省气象局领取"年度政府传播创新奖"

▲ 2012年3月，广东省气象部门贯彻落实《省部合作加快气象现代化试点省建设》动员大会召开

▲ 2013年11月，广东省人民政府和中国气象局省部合作联席会议在广州召开，广东省委副书记、省长朱小丹（右二），中国气象局局长郑国光（左一）出席会议

▲ 2015年4月，广东省突发事件预警信息发布中心大楼建成并投入使用

▲ 2016年5月，全国突发事件预警信息发布工作推进会议与会代表在广东省突发事件预警信息发布中心观摩突发事件预警信息发布现场演练

▲ 2017年2月，韶关市网格化服务管理工作组在新丰县突发预警信息发布中心调研

▲ 2017年8月，广东省委常委、常务副省长林少春（右六）在台山市综合防灾减灾救灾指挥中心指挥防御台风"天鸽"工作

▲ 2019年8月，阳江市应急指挥中心召开防御台风"韦帕"工作会议

▲ 2019年8月，揭阳市气象局领导和技术人员在揭阳市预报预警中心参加台风"白鹿"天气会商

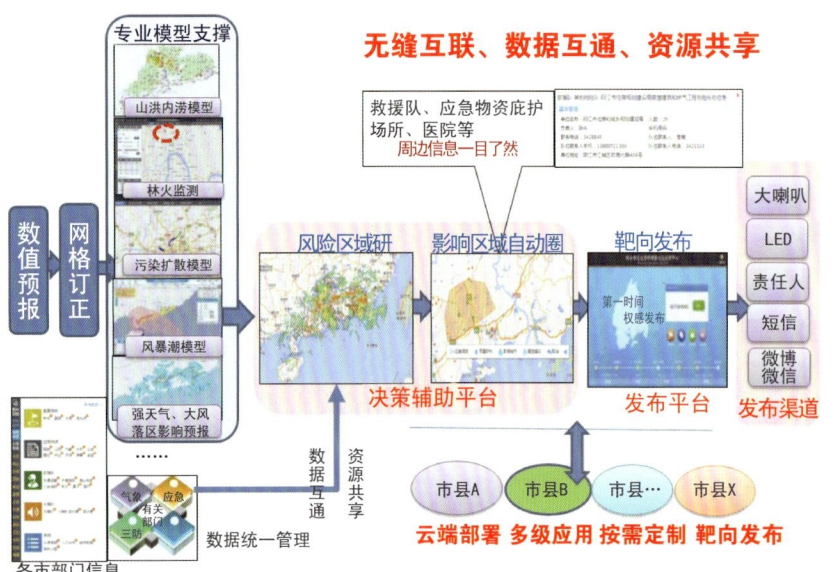

广东省气象局积极推进突发事件预警信息发布系统，建立灾害风险预警业务流程。统一发布自然灾害、事故灾难、公共卫生三大类预警信息，整合各方资源力量，打造了防灾减灾救灾"共赢生态圈"，推动气象事业在全心全意为人民服务中不断发展壮大。

◀ 灾害风险预警业务流程图

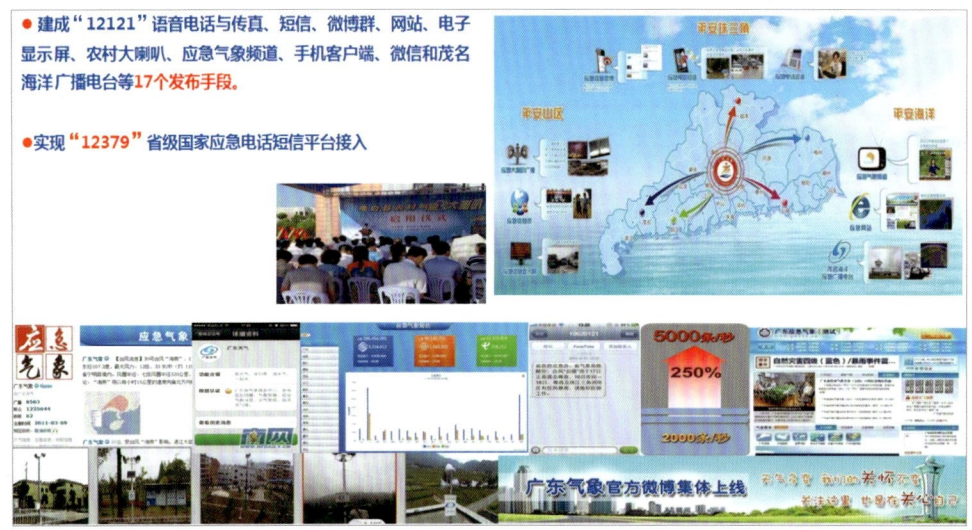

◀ 17个预警信息发布渠道示意图

▲ 利用社会资源拓宽气象预警信息覆盖面示意图

◀ 佛山市高明区荷城街道气象服务站挂牌

▲ 茂名市信宜市茶山镇乡镇服务站工作人员正在查看和分析气象信息

▲ 河源市龙川县麻布岗镇气象服务站工作人员正在工作

紧抓决策服务不放松，为政府部门防御气象灾害提供主动、及时、准确、科学、高效的服务

经过努力，广东省气象服务水平显著提高，因自然灾害导致的死亡率呈现下降趋势。在应对 2014 年的"威马逊""海鸥"及 2016 年的"妮妲""海马"等多个强台风过程中，实现人员"零死亡"。全省气象灾害损失占 GDP 的影响率连续 10 年小于 0.8%，公众对气象部门提供的服务满意度不断上升。

◀ 广东省近 30 年因灾害性天气导致的死亡人数变化趋势

◀ 广东省公众对气象部门提供的服务满意度评分变化趋势

▲ 2018 年 6 月，中国气象频道记者（惠州市气象局主持人）房兆励站在积水中报道天气和受灾情况，被网友称为"泡水哥"

▲ 2018 年 9 月，媒体直播超强台风"山竹"动态预报，广东省气象台首席预报员伍志方接受采访

▶ 科学开展人工影响天气作业,为抗旱减灾、生态文明建设提供有力保障

1958年11月,广东省气象局在广州市郊进行了首例人工增雨试验,开启了广东人工增雨活动的历史。

早期使用的人工影响天气作业工具——土炮、土火箭 ▶

"三七"高炮增雨 ▶

 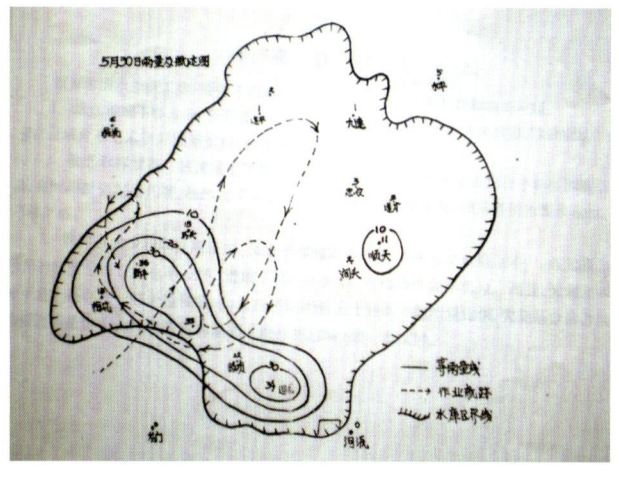

▲ 1972年,在新丰江水库流域作业的人工增雨飞机　　▲ 新丰江水库流域1972年5月30日的雨量和作业的人工增雨飞机飞行轨迹图

1960年，应越南政府要求，受中国气象局委派，广东省气象局局长刘铁平担任团长，带领专家到越南进行人工增雨试验，成功率达67%，受到胡志明主席的接见。这是我国第一次到国外实施人工影响天气作业。

◀ 广东省气象局专家到越南进行人工增雨试验

越南国家主席胡志明（前排左四）接见广东人工增雨代表团 ▶

▲ 越南政府给广东人工增雨代表团颁发了荣誉证书和友谊奖章

▲ 2010年11月,广州亚运会人工消雨保障工作中出动的作业飞机,共5架

▲ 2010年11月,广州亚运会保障作业机组成员合影

▲ 2015年7月,广东省各市抗旱增雨作业队伍集结湛江市气象局

▲ 2015年7月,雷州半岛抗旱增雨作业现场

气象服务发展历程及成就

▶ 公共气象服务

传统式阶段（1949年至20世纪末）：气象部门制作基本的天气预报，通过电话、传真等方式将天气预报结论报送给报社、电台、电视等传统媒体，对社会播发。服务对象即传统媒体受众。

▲ 1973年，广东省基层台站气象报务员在拍发气象电报

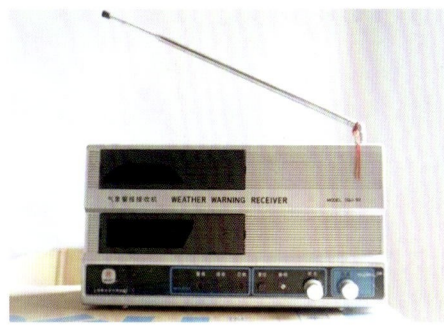

◀ 早期的气象警报接收机（1989—1995年）

◀ 早期的自动气象站显示屏

普发式阶段（20世纪末至2014年）：气象部门建立了"大喇叭"、显示屏、电话、短信、网站、电视、微博、微信等多种服务渠道，将气象服务产品通过各种渠道播发。服务对象覆盖面不断扩大，服务内容不断丰富。

1996年，广东气象影视宣传中心挂牌成立 ▶

◀ 1998年,广东省开始提供气象信息咨询电话服务

◀ 2000年,手机已成为公众获取信息的重要渠道,广东省气象科技信息中心成立,面向社会拓展电话气象信息服务

▲ 2001年,广东省在全国率先与当地通信运营商合作,开展手机短信天气服务。短信内容切合公众需求,通俗易懂、风格清新,赢得了社会的广泛好评,用户规模达1500万人,成为气象部门的一张闪亮"名片"

▲ 2003年,建设数字视频和模拟音频的天气节目制作系统,这是全国省级气象部门中第一个完整的全数字演播制作系统

气象服务篇 | **广东**

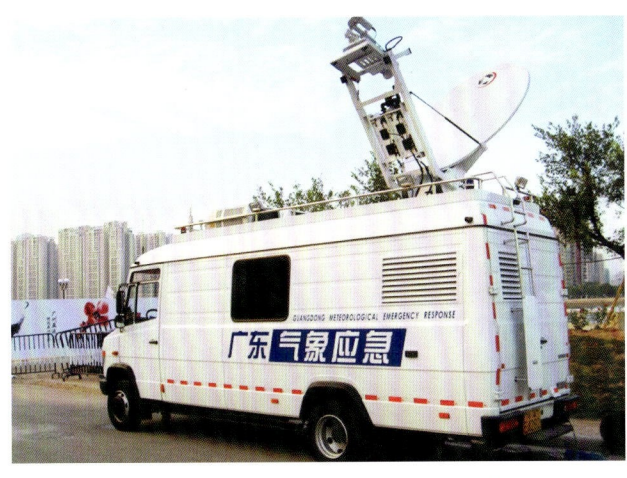

▲ 2009年,我国第一台1.8米天线C波段卫星直播车——广东灾害天气现场数字卫星直播车投入使用

▲ 2011年,广东省率先打造省、市、县三级微博矩阵,强化政府官方权威声音,第一时间发出预报预警信息

2011年,我国首个应急气象频道——广东省应急气象频道正式开播,为广大公众获取当地灾害性天气等突发公共事件预警信息开辟了新渠道 ▶

2012年,全国首个应急气象服务电话——广东省应急气象电话"12121"开通 ▶

▲ 2013年,"广东天气"微信服务号上线,在全国率先开展精细化的所在位置的可定制式气象服务。《缤纷微天气》栏目月均浏览量118万人次

2014年,广东省在全国率先建立以台风暴雨预警信号为先导的停课联动响应机制,以停课信号为先导的手机软件(APP)"停课铃"问世 ▶

定制互动式阶段(2015年至今):气象部门根据公众需求,提供个性化、定制式气象服务,通过微博、微信、手机软件等渠道与用户进行互动式交流。服务对象覆盖面继续扩大,服务内容满足用户特定需求。

▲ "小蛮腰(广州塔)"天气信息发布

气象服务篇 | 广东

▲ 2018年，新版"停课铃"APP首创家庭全景天气服务，家、学校、用户所在位置的停课预警和天气情况一目了然

▲ 2019年，广东省首次推出"高考天气"气象预报服务，为全省470个考点的考生提供精细化气象服务

2019年，《缤纷微天气》栏目已经可以为用户提供所在城市的停课信号或重要灾害预警信号等定制服务；还可通过智能问答、智能识云、拍天气等多种方式与用户开展互动式、愉悦式气象服务

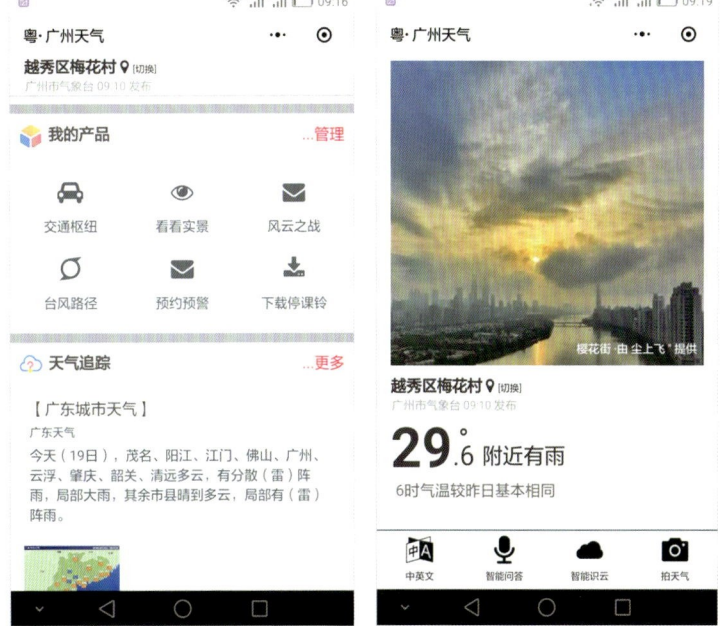

33

▶ 行业气象服务

粗放式服务阶段（1983—2000年）：早期行业气象服务的对象主要是农业、水利等部门。

早期气象为农服务

针对性服务阶段（2000—2016年）：随着气象服务能力的提升，气象部门开始为各类大型活动开展行业气象服务保障。

广州亚运会气象服务

▲ 2010年11月，广州亚运会开幕式前，中国气象局局长郑国光（前排左三）、中国气象局副局长矫梅燕（前排右三）亲切慰问现场气象保障工作人员

▲ 2010年，广州亚运会天气服务现场

深圳世界大学生运动会（简称深圳大运会）气象服务

◀ 2011年6月，中国气象局副局长矫梅燕（一排中）检查深圳大运会气象服务保障工作

▲ 2011年8月，深圳大运会期间，气象工作人员正在进行海上自动气象站指北校准工作

▲ 深圳大运会七星湾场馆主任曲春（左三）和以色列国际大学生体育联赛官员到气象保障室了解天气情况

▲ 2011年8月，深圳大运会气象保障服务圆满完成，服务团队合影留念

石油化工气象服务

◀ 2007年6月,广东省气象台预报员到中海壳牌石油化工有限公司马鞭洲码头实地考察

建造广州塔气象服务保障

▲ 2009年2月,广东省气象台有关人员到广州塔建造施工现场走访、交流

▲ 2010年6月,广东省气象局与广州塔承建方的领导在施工现场视察、交流

海洋气象广播服务

2010年12月,广东省茂名海洋气象广播电台正式开播,实现了海洋气象信息获取的及时性、准确性、高效性,大大提高了海洋气象服务覆盖面,填补了南海海洋气象服务的空白。

▲ 广东省茂名海洋气象广播电台多馈多模发射天线

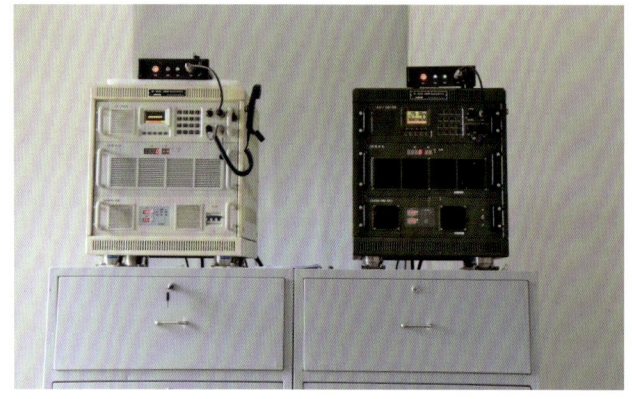

▲ 广东省茂名海洋气象广播电台1000瓦短波广播发射机

建造港珠澳大桥气象服务保障

◀ 2015年6月,港珠澳大桥移动式气象自动站开始建设

"中国天然氧吧"气象服务

融入式服务阶段(2016年至今):气象部门开始充分挖掘气象监测预报信息经济价值,深挖各行业对气象服务的需求,为各行业提供针对性的专项气象服务。

▲ 2017年10月,惠州市博罗县罗浮山"中国天然氧吧"生态旅游气象观测站揭牌。

▲ 2018年8月,惠州市龙门县申报"中国天然氧吧"复核会召开

▲ 2019年6月,揭阳市揭西县创建"中国天然氧吧"复核工作会议召开

生态旅游气象服务

▲ 2016年，珠海长隆集团来访广东省生态气象中心

▲ 2016年底，长隆集团气象服务系统上线运行

广东省运动会（简称省运会）气象服务

◀ 2018年7月，省运会保障工作领导小组会议在肇庆市召开

◀ 2018年8月，省运会开幕式天气发布会召开

◀ 2018年8月，"肇庆气象"微信公众号对省运会进行直播

港口气象服务

▲ 2017年8月，台风"天鸽"登陆前，珠海市气象服务专家与码头安全负责人会商天气，并提出防御建议

▲ 2018年3月，盐田国际集装箱码头气象服务座谈会召开

建筑工地气象服务

◀ 2017年8月，为建筑施工企业提供精细化气象服务，加固后的棚屋受台风"天鸽"影响受损较小

气象影视发展成就

广东省气象影视宣传中心（简称影视宣传中心）成立于1996年，负责各类专业电视天气预报节目制作及重大灾害性天气直播报道工作，同时负责中国气象频道本地化节目播出管理，并承担广东省突发事件预警信息发布平台电视媒体信息发布工作。

影视宣传中心制作的节目内容丰富、形式多样，广州市电视媒体的气象节目均为其提供的气象产品，包括重点节目如《天气预报》《南方气象》，特色天气节目和科普节目如《春运气象服务站》《台风直击》《气象·农业》《微观万象》等。目前，影视宣传中心每天制作25套节目，据统计，每天约有3000万观众收看这些节目，充分发挥了"服务窗口"的重要作用。

2011年6月，中国气象频道在广东全省落地播出，覆盖全省近1000万户用户。7月，中国气象频道本地化的广东应急气象频道开播，成为广东省气象灾害预警信息和应急信息传播的主渠道之一，是全国首个"应急频道"，由影视宣传中心负责其日常运作。

▲ 1996年，广东省气象影视宣传中心挂牌

▲ 第一代摄影棚

▲ 第二代摄影棚

▲ 第一代导播室

▲ 第二代导播室

▲ 2011年3月，中国气象频道本地化节目插播业务试点启动会召开

▲ 2013年的高清演播室

◀ 影视宣传中心工作人员进行航拍

◀《守粤待竹——直击超强台风"山竹"》网络直播节目

▲ 台风现场报道

气象科学普及

广东省气象局高度重视气象科普宣传工作，把科普宣传列为党组的一项重要任务，从更大格局上谋划科普宣传事业。通过举办世界气象日专题报告会、科普讲解大赛，开展气象开放日、流动气象科普万里行、"三下乡"等气象科普活动，不断提升全省气象科普传播，推动广东气象科技创新发展，为提高国民科学素质贡献"气象智慧"。

▶ 形式多样的气象科普活动

1993年3月，举办主题为"气象与技术转让"的世界气象日活动

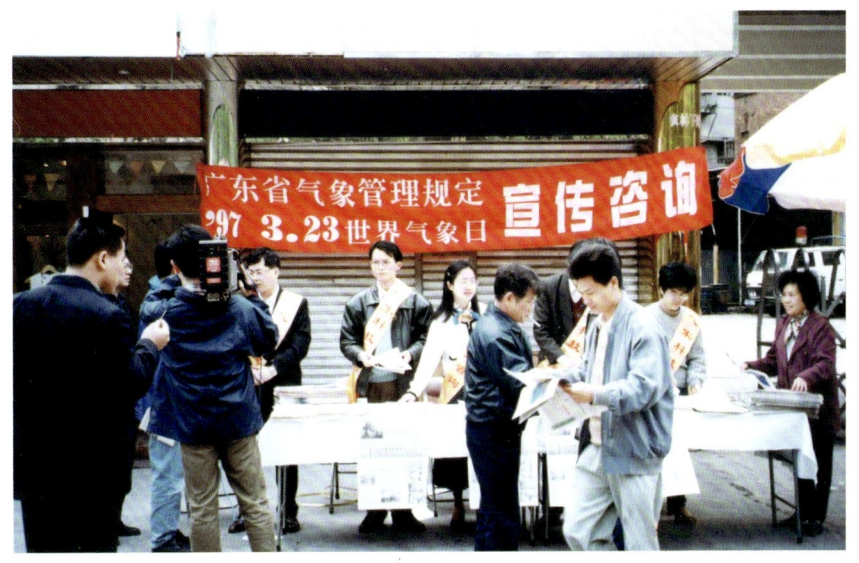

1997年世界气象日期间，广东省气象局开展《广东省气象管理规定》、世界气象日宣传咨询活动

◀ 1998年3月,广东省气象局开展纪念"3·23"世界气象日暨《广东省气象管理规定》施行一周年活动

◀ 2006年3月,在世界气象日活动中,记者采访小学生

▲ 2008年,中国关心下一代工作委员会组织学生参观广州气象卫星地面站卫星站,接受气象科普教育

▲ 2012年3月,广东省气象局召开世界气象日专题报告会

◀ 2012年3月,世界气象日科普活动工作人员合影

▲ 2012年3月,"科普进校园(广东科学院幼儿园)"之行

▲ 2013年8月,广东青年气象志愿者追寻台风踪迹

▲ 2016年3月,在世界气象日活动中,小学生排队参观气象应急车

▲ 2017年3月,广东实验中学初一级进行"2017年气象日"观学游活动

▲ 2017年5月,首届气象科技周在广州举行启动仪式

▲ 2018年3月,广东省气象局举行世界气象日主题报告会

▲ 2018年5月,广东省气象局选派选手参加全国气象科普讲解大赛

▲ 2018年5月,"科普进校园(培正中学)"活动

▲ 2018年5月,广东省"全国防灾减灾日、科技活动周(广州市第八十九中学)"活动

▲ 2019年3月,在世界气象日活动中,群众踊跃参观气象观测场

◀ 2019年3月,广东省气象局科普讲解大赛部分选手风采剪影

▲ 2019年4月,广东省举行"流动气象科普万里行——海珠湖气象科普生态徒步行"活动

▲ 2019年4月,"流动气象科普万里行——走进广东服务粤港澳"活动举行旗帜授予仪式

▲ 2019年4月,广东省气象局请专家为科普讲解大赛选手进行集中培训

▲ 2019年5月,在防灾减灾日活动中,市民参与气象科普游戏

▲ 2019年5月,"流动气象科普万里行——走进广东兰花专业镇(石狗镇)"活动

▲ 2019年5月,广东省举办"全国科技活动周、防灾减灾日"暨"全省科技进步活动月"活动启动仪式

▶ 广州气象卫星地面站科普基地

▲ 2001年,广州市政协主席陈开枝(左图二排左五,右图前排中)参加了"广州科普之旅——科普一日"活动,图为活动的其中一站——广州气象卫星地面站科普基地(以下简称卫星站科普基地)

▲ 2001年的"广州科普之旅——科普一日"活动中,卫星站科普基地领导在与媒体交流

▲ 2001年10月,广州市副市长林元和(左五)、广州市人大常委会副主任苏晋中(左六)等领导参加广州市科学技术普及基地授牌仪式

▲ 2004年3月,卫星站科普基地组织的世界气象日活动吸引了大批中小学生前来参与

▲ 2004年5月,卫星站科普基地组织了广州市科技周活动

▲ 2005年8月,广东省海洋与渔业局向卫星站科普基地赠送"科普教育,良师益友"锦旗

▲ 2005年,卫星站科普基地被授牌为"广州市爱国主义教育基地"

▲ 2007年7月,卫星站科普基地向全省中小学赠送防雷科普教材

▲ 2009年,广州市领导说,广州气象卫星地面站在广州和天河科普工作中做了大量实事

▲ 2009年，西关培正小学来卫星站科普基地参观

▲ 2009年，广州市副市长徐志彪（左三）与广州气象卫星地面站领导合影留念，感谢卫星地面站在市科普建设中的贡献

▲ 2012年3月，卫星站科普基地举办世界气象日开放日科普活动

▲ 2016年5月，卫星站科普基地互动馆迎来《信息时报》的小记者们

▶ 气象科普粤港澳交流与合作

▲ 2003年，澳门科技大学交流团来卫星站科普基地参观

▲ 2005年，香港天文台气象同行参观卫星站科普基地科普馆

▲ 2008年,香港学生参观卫星站科普基地卫星馆

▲ 2009年,香港天文台代表访问卫星站科普基地

◀ 2019年4月,在"流动气象科普万里行"活动中,香港喇沙书院学生参观卫星站科普基地

▶ 联合其他部门开展科普工作

▲ 2012年3月,由广东省气象局、广东省气象学会、广州市天河区科协联合主办的"气象科普进社区"活动举行启动仪式

▲ 2012年5月,广州科普基地联盟主办的首届"十佳科普讲解员大赛"决赛在广东省科学中心举行,卫星地面站选手肖华(左四)获评"十佳科普讲解员"

2013年5月，由广州市科技和信息化局、广州科普基地联盟主办的第二届"广州市十佳科普讲解员大赛"决赛在广东科学中心举行。卫星地面站选手胡民达跻身"十佳"

▲ 2017年3月，广东省文化科技卫生"三下乡"——"气象科普你我他"活动举办校园讲座

▶ 地方政府重视气象科普事业的发展

◀ 2005年7月，广州市政协领导视察卫星站科普基地

▲ 2012年8月,广州市人大常委执法检查组对卫星站科普基地进行了执法检查,并参观了卫星馆。

2018年11月,中山市举办涉校安全气象保障服务培训 ▶

◀ 2019年5月,梅州市五华县举办扶贫气象防灾减灾知识培训

气象服务相关专业领域技能大赛

◀ 2011年9月,广东省首届公共气象服务职业技能竞赛总决赛在广州举行

◀ 2011年10月,广东省举办气象行业天气预报技能竞赛

▲ 2011年11月,广东省举办首届防雷检测职业技能大赛

▲ 2014年10月,广东省气象局举办气象行业观测技能竞赛

▲ 2014年11月，广东省气象局举办第三届公共气象服务技能竞赛

▲ 2015年9月，广东省气象局举办预报技能竞赛

▲ 2016年7月，广东省气象部门举办首届办公综合业务技能竞赛

▲ 2017年5月，广东省气象局参加全国气象科普讲解大赛

2019年6月，广东省气象影视中心天气预报节目主持人马俊获得全国科普讲解大赛一等奖和"十佳科普使者"称号 ▶

气象业务篇

　　中华人民共和国成立 70 年来,广东省气象观测业务由主要依靠人工地面观测,逐步发展到天基、空基、地基和海基一体化的现代气象综合探测系统,实现了从人工观测到自动化,从陆地到海洋,从大气物理到大气化学等多灾种、全方位、综合立体的气象探测模式。

综合气象观测

▶ 中华人民共和国成立至改革开放前

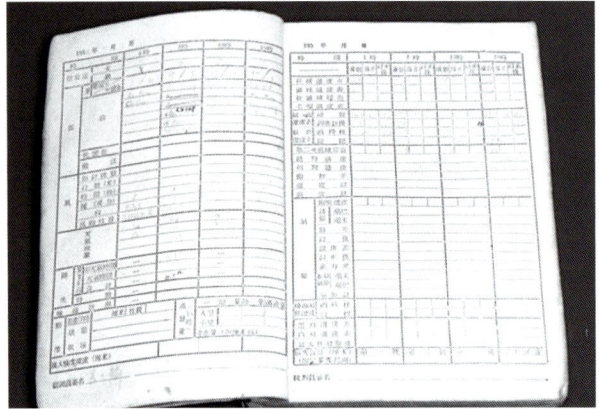

▲ 1954年，手工登记的气象观测本

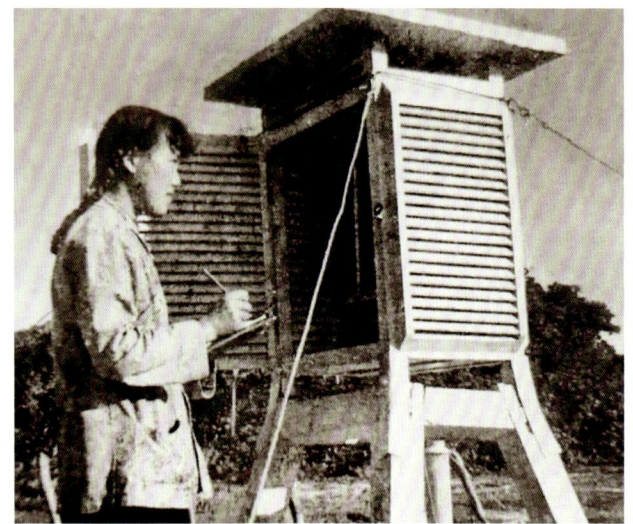

▲ 1958年，气象观测员在读记气象要素数据

◀ 1959年，探空站气象人员在测风车上

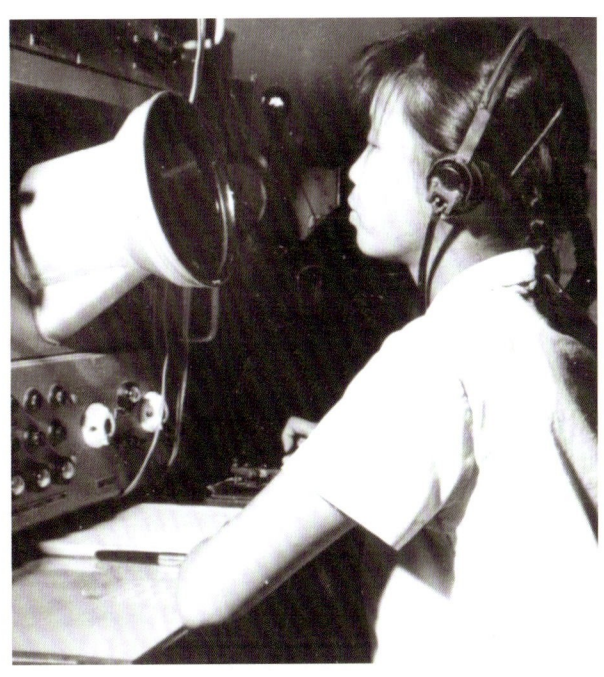

▲ 20世纪60年代，气象工作者在远程雷电观测室内观测

▲ 20世纪60年代，气象观测员在查看风压自动记录仪

▲ 1972年，布设在西沙永兴岛的843气象雷达

▲ 1978年，西沙气象站高空探测员在认真校正经纬仪

▶ 改革开放后至今

▲ 1980 年以前，气象工作者运用经纬仪实施小球高空测风

▲ 1981 年起，启用雷达开展高空测风

▲ 20 世纪 80 年代中期的东莞市气象局气象观测场

▲ 20 世纪 90 年代，人工观测记录水稻气象数据

▲ 2006 年的广东省农业气象试验站（桂城旧址）气象观测场

▲ 2018 年的广东省农业气象试验站（佛山）

◀ 2019年的清远市气象局观测场

气象仪器研发与制造

▶ 研发历程

自20世纪90年代起，广东省气象局在全国率先开展自动气象观测，自主研发了多型气象观测装备，是全国唯一的以自主研发设备为主的省级气象部门。

▲ 2002年，广东省气象装备中心技术人员在研发、调试水位自动观测站

▲ 2002年，气象技术人员在调试WP3103型自动气象站室内数据采集器

新中国气象事业 70 周年

▲ 2002年,气象技术人员在测试果园多层气象观测自动气象站

▲ 2003年,广东省气象局副局长余勇(右二)带队检查Ⅱ型自动气象站

▲ 2017年,广东省气象信息中心业务技术人员对广东省气象装备中心的自动气象站进行质量检查

▶ 自主研发设备

▲ WP3103型自动气象站室外数据采集器

▲ Ⅱ型自动气象站数据采集器

▲ DZZ1-2新型自动气象站数据采集器

▲ 石油平台自动气象站

▲ 船舶自动气象站

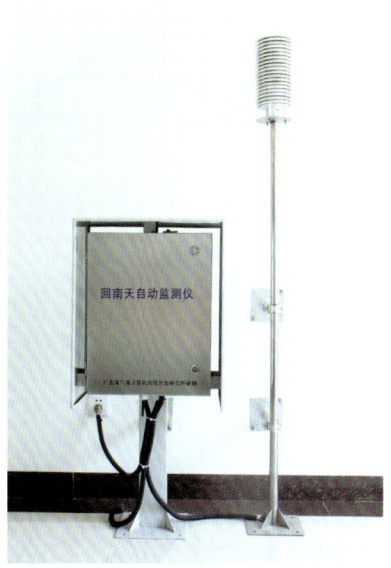
▲ "回南天"自动监测仪

▲ 生物舒适度测量仪

▲ EWOS-1 型生态气象自动观测系统

土壤水分观测仪 ▶

► 自主研发的"同型多传感器自适应观测技术"已在全国推广

天气雷达

20世纪70年代初至1999年,雷达以模拟信号处理技术为特征,广东省建设了711、713、714SD、714等型号天气雷达13部,701型高空探测雷达4部,与香港雷达观测联网。

713型天气雷达天线 ▶

▲ 713型天气雷达接收机和发射机

▲ 713型天气雷达接收天线

▲ 713型天气雷达显示器

▲ 20世纪80年代西沙群岛上的714型天气雷达

◀ 701型探空雷达

701型探空雷达主机 ▶

◀ 20世纪90年代西沙群岛上的高空探测设施

2000—2014 年，基于多普勒和数字化处理技术，广东省在全国率先部署新一代多普勒天气雷达。

到 2014 年底，广东省完成了 4 部 GFE(L)1 型探空雷达、16 部风廓线雷达、65 部气溶胶雷达的建设和应用。

▲ 广州市新一代多普勒天气雷达站

▲ 河源市新一代多普勒天气雷达站

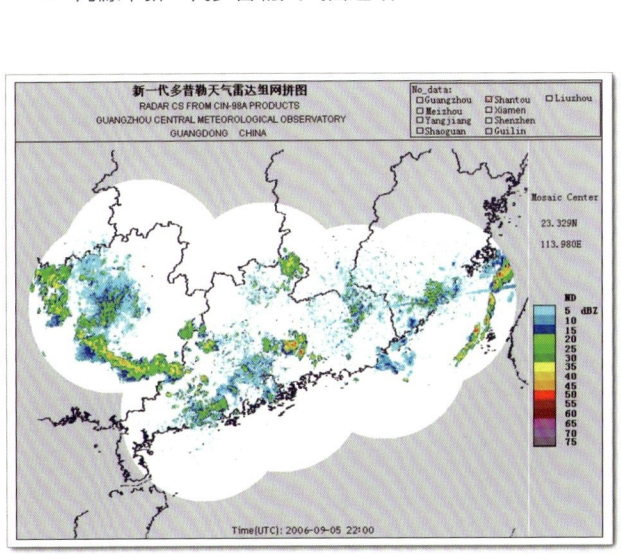

▲ 2006 年，广东省新一代多普勒天气雷达组网拼图

▲ 河源市探空雷达

▲ 连州市风廓线雷达

▲ 肇庆市高要区气溶胶雷达

▲ 珠海市大气成分方舱

2015年至今,广东省完成了11部S波段雷达双偏振技术升级改造,能够识别目标物粒子类型,空间分辨率提升至250米。

◀ 深圳市S波段双偏振天气雷达

梅州市S波段双偏振天气雷达 ▶

目前，广东省已完成 8 部 X 波段双偏振相控阵雷达（简称相控阵雷达）的建设并组网应用，时间分辨率达到"分钟级"，空间分辨率达到 30 米，最大探测距离 60 千米。

◀ 广州市番禺区相控阵雷达

广州市帽峰山相控阵雷达 ▶

气象卫星

▶ 站区建设

广州气象卫星地面站是我国风云气象卫星目前 5 个国家级气象卫星地面站之一，承担着气象卫星应用系统的业务运行和在轨气象卫星的运行管理，2006 年开始开展空间天气的业务监测与科学研究，2019 年加挂广东省气象卫星遥感中心牌子。

五山站区

▲ 1980年11月，广州气象卫星地面站工程破土动工。图为1982年地面站土建施工现场

▲ 1983年10月，广州气象卫星地面站业务楼建设现场，1985年通过土建竣工验收

◄ 1986年6月，广州气象卫星地面站工艺工程竣工验收大会召开，同年12月，广州气象卫星地面站工程全面竣工并通过国家验收。

◄ 2000年9月，国家批复"风云三号"气象卫星地面应用系统一期工程建设，五山站区不能满足业务发展需要，需征地再建一个新站区。由于办理新站征地手续十分复杂，而"风云三号"气象卫星发射时间紧、任务重，中国气象局要求在五山站区建设应急系统。图为2007年8月，五山站区完成应急系统与配套设施建设

◀ 2013年3月的原广州气象卫星地面站五山站区航拍图。目前，该地块建成珠江三角洲中小尺度气象灾害监测预警中心

天鹿湖站区

▲ 2006年2月，中国气象局、广东省气象局领导做出重大决策，决定把天鹿湖虎成地山作为"风云三号"气象卫星地面应用系统广州站用地

▲ 2016年7月，"风云三号"02批气象卫星地面应用系统工程广州站接收系统12米口径接收天线，在广州气象卫星地面站天鹿湖站区吊装成功，为"风云三号"D星的顺利接收奠定了坚实的基础

▲ 如今的广州气象卫星地面站天鹿湖站区初具现代化规模

站区设备

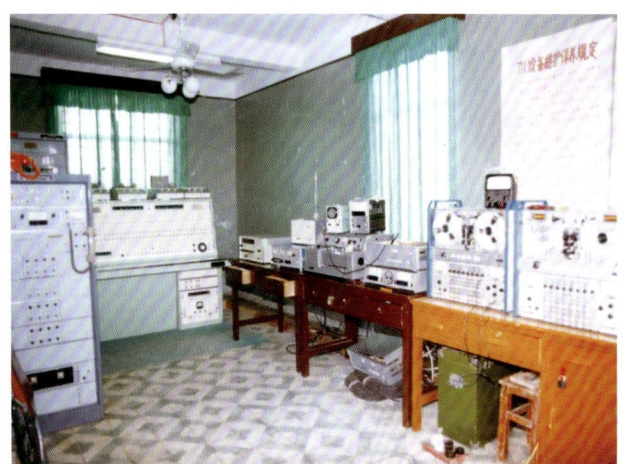

▲ 广州气象卫星地面站第一套业务设备,包括捕获瞄准跟踪(APT)、调度设备等

▲ 2011年12月,"风云三号"03批静止气象卫星地面应用系统广州主站18.5米口径大型天线吊装成功,标志着工程建设进入系统装备安装阶段

▲ 中国第一代极轨气象卫星接收天线

▲ 18.5米静止气象卫星测控主站天线

▶ 地面站与风云气象卫星发射大事记

▲ 1988年9月,广州气象卫星地面站(简称地面站)召开"风云一号"发射成功表彰大会

▲ 1990年9月,广东省委谢非(二排右一)等领导到站视察工作,并观看我国第二颗气象卫星"风云一号"B星发射地面接收全过程

▲ 1999年5月,"风云一号"C星发射成功,地面站成功收到卫星云图

▲ 2002年4月,"风云一号"D星发射动员大会召开

▲ 2004年10月,"风云二号"D星发射任务新闻发布会召开

▲ 2007年11月,"风云三号"工程业务系统初步验收移交

◀ 2008年5月，庆祝"风云三号"A星发射成功

2008年12月，庆祝"风云二号"F ▶
星发射成功

▲ 监视和记录我国在2021年6月3日成功发射的"风云四号"B星的测距定轨数据

预报业务发展

1951年，为了提供南海海洋气象服务，经中央人民政府人民革命军事委员会气象局同意，广州海洋气象台成立，并于2015年改名为"广东省气象台（南海海洋气象预报中心）"。

> 这一时期，开始执行全国统一的规章制度。1951年9月7日，省人民政府颁布了《发布台风警报的办法及各项规定》。1952年4月1日，经中央人民政府人民革命军事委员会气象局同意，由广州海洋气象台用英文发布台风消息。同年5月起，在沿海主要港口以悬挂风球信号的形式，发布台风及强风警报。1953年7月起，执行《危险天气警报发布办法》。在建国初期，气象人员极为缺乏。为适应大力建设气象站的需要，除原气象系统留用人员外，还从广东军区航空站技术大队、南方大学、军政大学调入气象人员。1952年，从军队抽调一批干部、战士，经短期业务培训后分赴各地从事建站工作；同时又从军委气象局各个干部训练班调入年青的气象技术人员。开拓者们发扬人民军队光荣传统，自力更生，艰苦奋斗，使广东气象事业进入崭新的历史时期。

▲ 《广东省志·气象志》中对成立广州海洋气象台的描述

1972年后，随着现代探测技术的不断发展，广东省、市气象台逐渐以灾害性天气为主攻方向，使用天气图、雷达图、卫星云图等资料，通过引入数理统计方法，分析天气演变的规律。

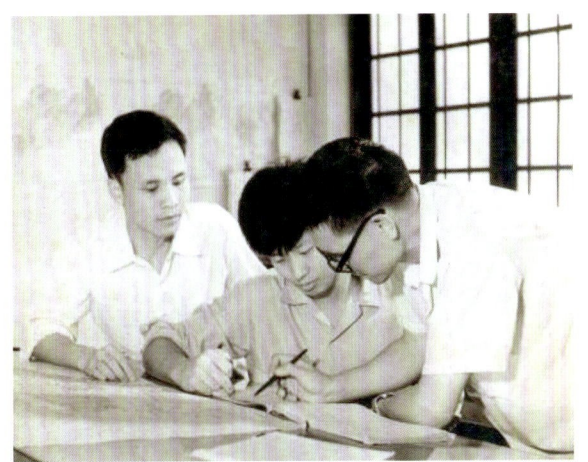

▲ 1978年，天气预报员在分析所抄收的中央气象台下发的预报

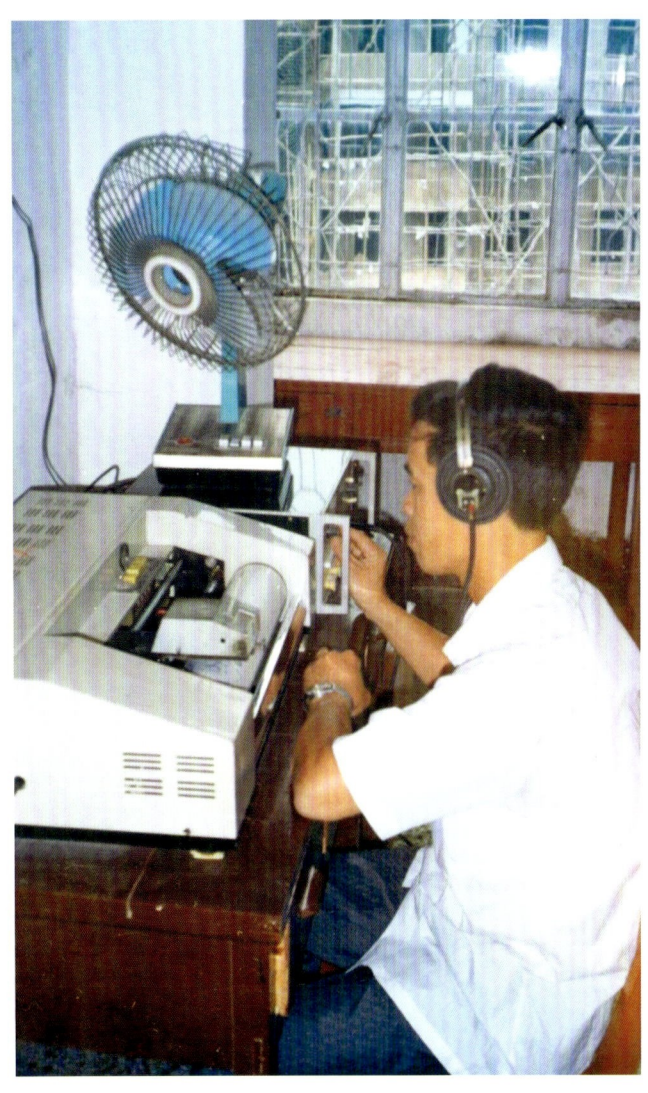

▲ 20世纪80年代，天气预报员使用气象传真接收机接收天气图

▲ 714型天气雷达值班室

1985年,第一届粤港澳重要天气研讨会在深圳召开,不仅为三方天气预报科技人员对共同关心和感兴趣的天气过程、预报技术提供了研讨、切磋的机会,也增进了各方的互相了解、合作与友谊。

▶ 1993年,第八届粤港澳重要天气研讨会召开

◀ 1998年,第十三届粤港澳重要天气研讨会召开

1988年,广东省气象部门开始接收"风云一号"系列卫星遥感云图,并与国外专家交流资料使用经验。

▲ 1988年,广东省气象台预报员在使用卫星云图分析天气实况

▲ 1989年,澳大利亚专家来访,交流气象卫星资料使用情况

1991年7月,广州区域气象中心召开成立大会。全国政协副主席叶选平、国家气象局局长邹竞蒙、广东省委书记谢非等领导出席会议。广州区域气象中心的成立,标志着广东省初步实现省、市、县各级气象台站紧密联系、分工明确、各具特色、互相补充的预报、服务、科研新体系。

◀ 1991年7月,广州区域气象中心成立

1994年,广东省气象台在全国首个发布气象灾害预警信息,并于2000年发布《广东省台风、暴雨、寒冷预警信号发布规定》,于2000年11月1日正式实施。

2000年10月,广东省气象局、广东省政府法制办联合召开贯彻落实《广东省台风、暴雨、寒冷预警信号发布规定》新闻发布会 ▶

1997年以前,我国的天气预报业务一直是以人工为主体,凭借天气的理论和预报员经验进行天气现象分析。

▲ 1992年,天气预报员在分析天气图

▲ 1996年,天气预报员利用天气图外推未来天气

1998年，现代化人机交互气象信息处理和天气预报制作（MICAPS）系统正式投入业务使用，提高了预报的科学性和精确度。MICAPS系统兼具查询检索和天气预报制作功能，预报员可以在系统里完成大部分的气象资料整合分析及天气预报制作等工作，大大提高了业务效率。

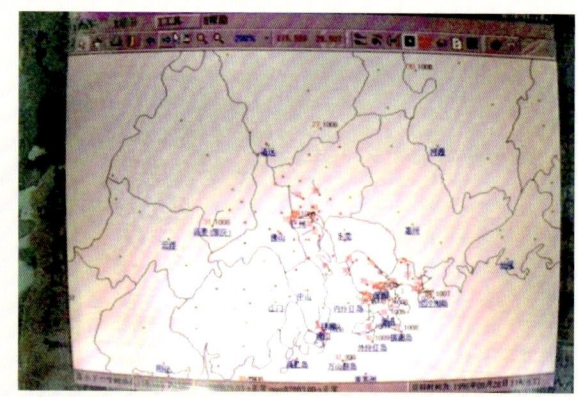

▲ 1998年，MICAPS系统投入业务使用

1999年，广东省气象部门为澳门回归提供气象保障服务。

▶ 1999年12月，澳门回归重大活动气象保障服务工作会议于珠海召开

2008年初，广东省气象局明确了预报网格化、技术客观化和整体业务化的长远发展思路，谋划天气预报业务的转型发展。组织成立了以广东省气象台牵头，联合中国气象局南海海洋热带气象研究所、广东省气象信息中心等单位的精细化预报技术团队，开展了包括网格数据、网格预报解释应用技术和图形化网格编辑订正平台等的研发工作，形成了精细化网格预报业务系统（SAFEGUARD）。

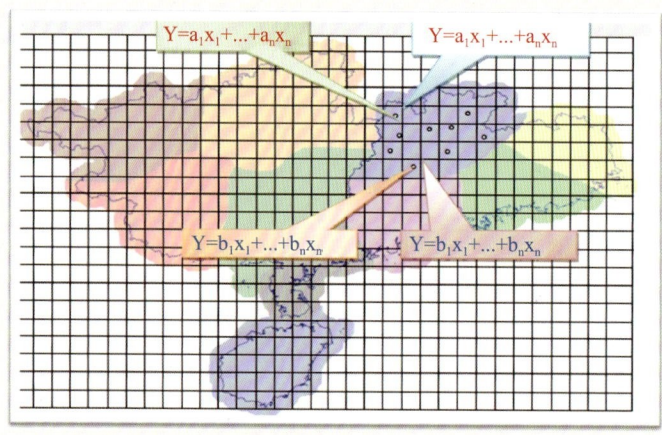

▲ 开始进行网格释用

2010年，智能网格预报业务系统初步建成，并在2010年广州亚运会和2011年深圳世界大学生运动会精细场馆预报服务中得到初步应用。

◀ 广州亚运会精细预报交互系统

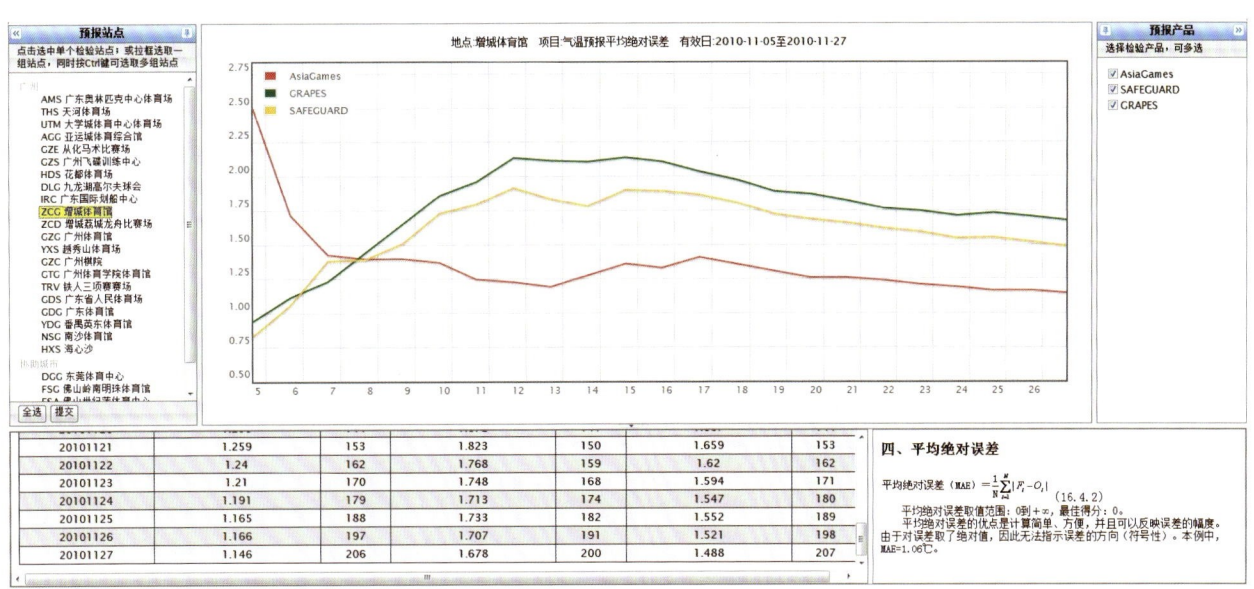

▲ 广州亚运会期间离自动站远近不同的场馆的释用结果对比（温度）

2011年底，中国气象局和广东省人民政府决定把广东作为率先基本实现气象现代化试点省，在实际工作中实现了多项技术的突破。短时临近预报研发了基于亚运数值预报模式系统（GRAPES-CHAF）的雷达反射率预报场和雷达反射率实况场的相位订正技术与降尺度技术；中尺度分析开展了主要利用地面观测资料，分析锋面、湿区、辐合线、天气现象、显著变压等，同时结合高空观测和华南/热带气象数值预报系统（GRAPES-TMM）产品开展高空中分析，凝练强对流分析思路的业务试验；强对流潜势预报开展了强对流天气个例普查，并统计物理量指标的预报试验……

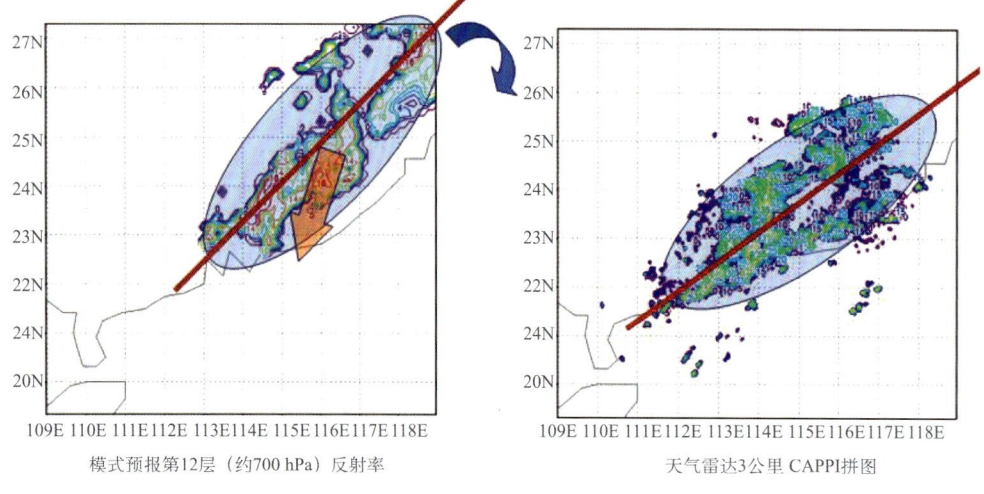

模式预报第12层（约700 hPa）反射率　　天气雷达3公里CAPPI拼图

◀ 相位订正（Phase Correction）技术

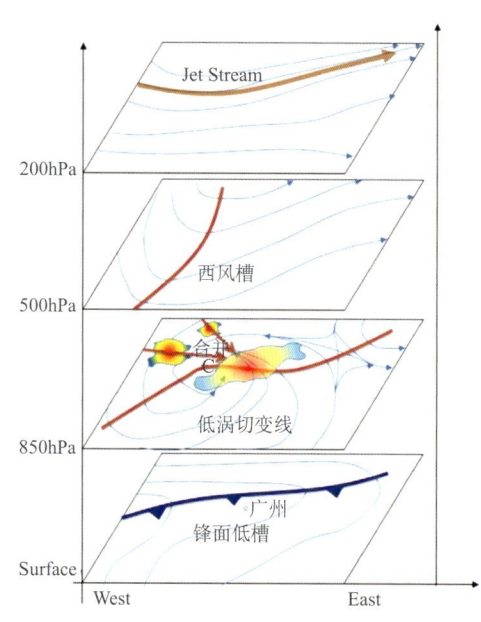

▲ 基于光流法或平移法的降尺度技术

▲ 华南前汛期典型暴雨概念模型

2013年，广东省气象局选取广州市和韶关市气象台为试点，于5月1日开展市级精细化数字网格业务试运行，稳妥推进网格预报业务向市级延伸。试点业务运行良好之后，网格预报业务在全省铺开。

广州市和韶关市进行省、市一体化订正平台的试验 ▶

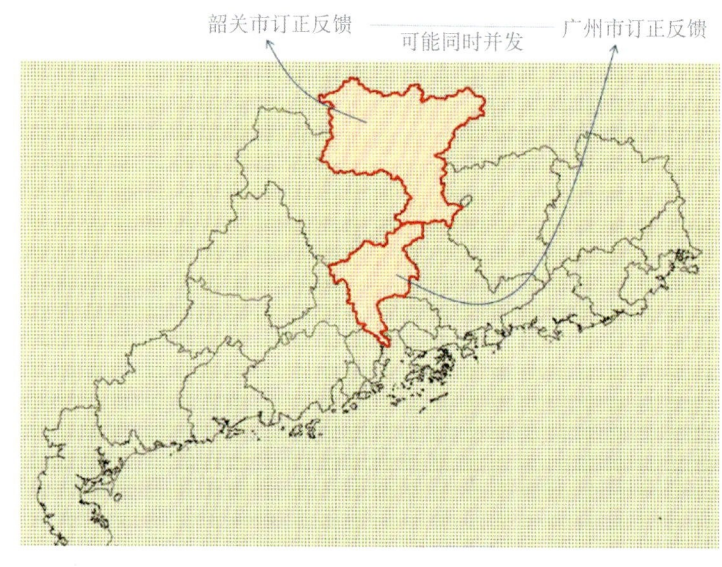

2014年，广东省初步建成了无缝隙、精细化、高效集约的省、市、县一体化数字网格天气预报业务体系，在全国率先开展网格精细化预报业务，制定了扁平化、集约化的省、市联动业务流程和逐时滚动更新机制，实现了全省共享、共用数字预报"一张网"。

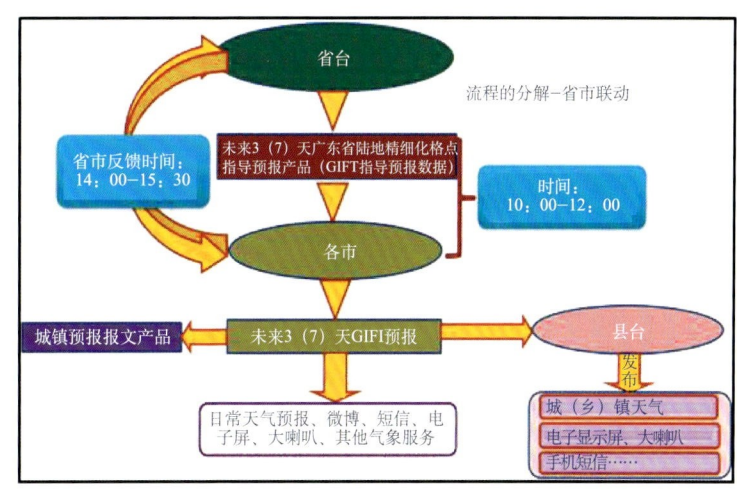

▶ 广东省制定了广东网格预报业务实施方案，确定了固定时次制作的业务流程

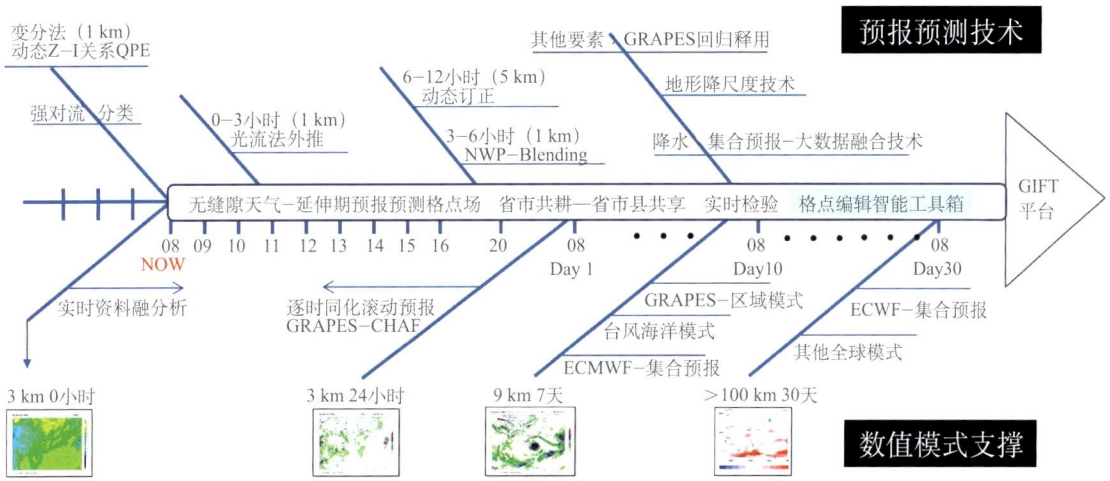

▲ 智能化：从人工订正向智能化订正转变

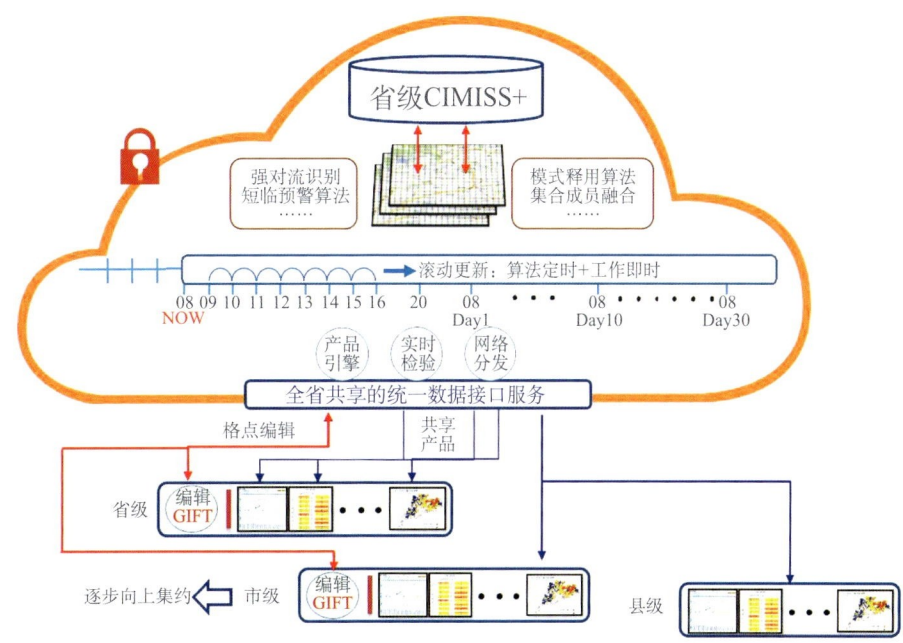

▶ 集约化：从分散预报向人机交互式统一预报转变

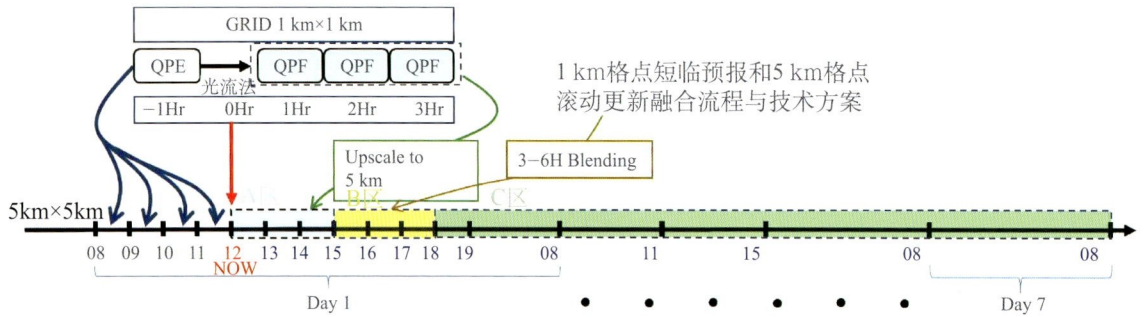

▲ 无缝隙：从各时段单独预报向无缝隙融合预报转变

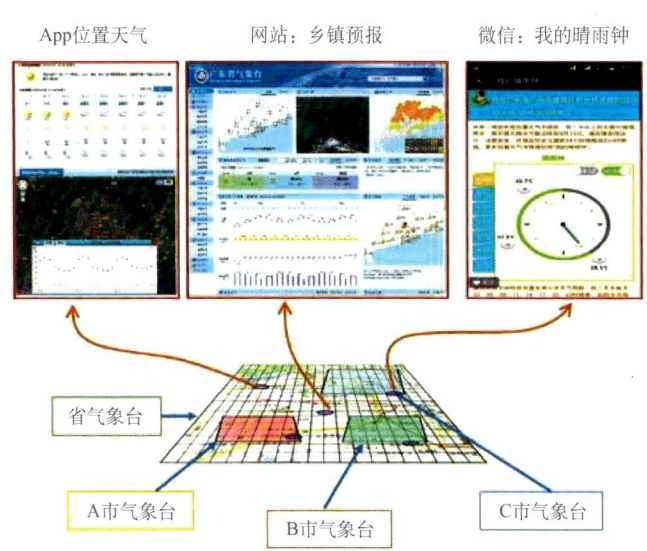

从2015年4月1日开始，省、市联动的智能网格预报业务化运行，网格预报在广东省全面取代传统城镇站点预报。

◀ 网格预报在广东省全面取代传统城镇站点预报

从2016年开始，广东省在固定时次制作的基础上，探索省、市一体，滚动更新的新流程，进一步完善省、市一体及时滚动订正更新的格点预报业务流程；既能每天构建未来10天的格点预报场（空间一张网），又能对这张网实现整体的及时滚动更新。共分为三步：第一步，省、市联动，固定时次制作预报时效为10天的网格预报。第二步，地市对6小时预报滚动订正——"省级客观产品+必要时主观订正"。第三步，订正后的网格场及时反馈到省级网格中，确保省、市服务一致。

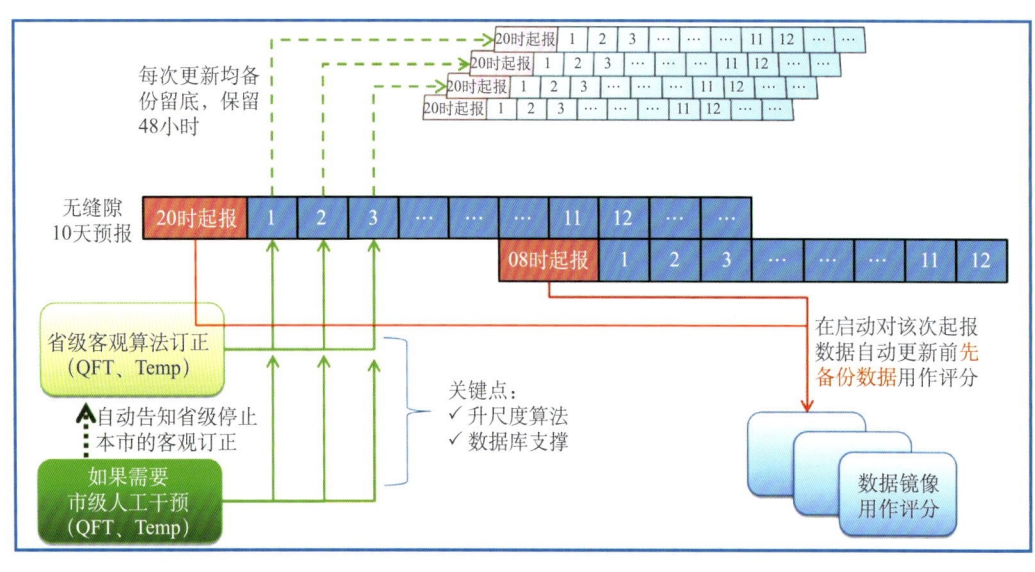

◀ 在固定时次制作的基础上，探索"省、市一体，滚动更新"的新流程

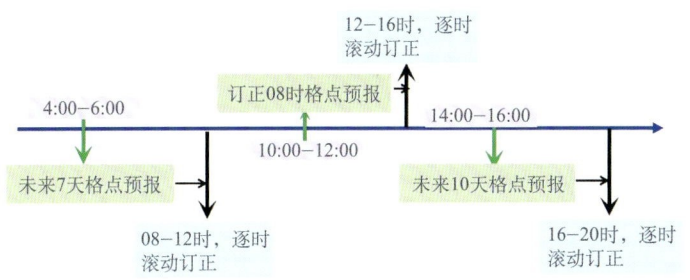

▶ 滚动更新的日常格点预报业务流程

2017年，中国气象局组织全国各省开展智能网格预报，广东省气象局以此为契机组织攻关，进一步提高网格预报的智能化水平，努力走在全国智能网格预报的前列。2018年，气象预报业务逐步向影响预报和风险预警拓展，尝试解决城市内涝"痛点"，提供精准化地质灾害风险预警，服务海上作业等。

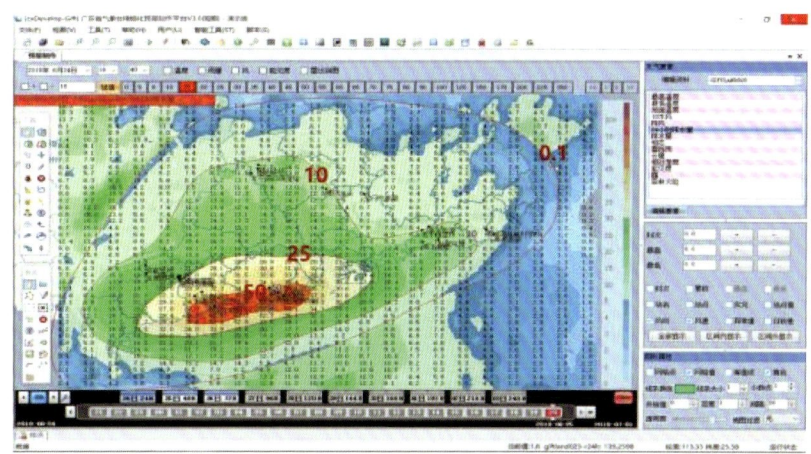

▲ 2018年的广东省气象台精细化预报制作平台V3.0

气象信息网络

▶ 气象通信方式、通信设备及通信机房的变迁

20世纪50年代，广州、汕头、海口、湛江等气象台开始开展气象通信业务。

▲ 1956年，湛江气象台通信组合影

▲ 气象工作人员在收听上级台站播报

改革开放前,气象通信采用莫尔斯气象电报、有线电报、无线传真方式。

◀ 1971年,气象电信骨干到北京大学学习卫星云图接收。图为气象卫星APT模式云图接收天线

20世纪80年代,随着北京气象通信枢纽的建成以及PDP-11/44计算机自动转报系统的使用,开启了广东气象通信工作。

▲ 20世纪80年代,PDP-11/44计算机通信系统负责收集广东、广西和海南报文上传中国气象局

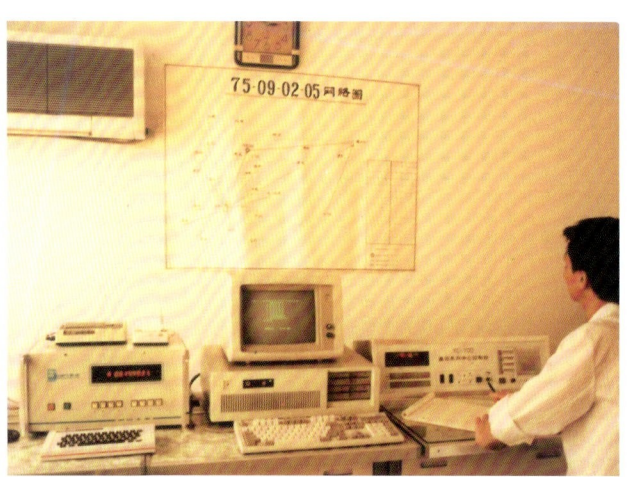

▲ 20世纪80年代末的国家"七五"科技攻关项目"珠江三角洲天气研究"通信网络主站

▲ 20世纪90年代初,使用计算机PC386处理电传报文

▲ 20世纪90年代末,使用PDP终端处理气象报文

◀ 20世纪90年代用于拨号上网的调制解调器

2009年的新机房 ▶

▶ 通信网络的发展

20世纪90年代，X.25分组交换网、数字数据传输（DDN）等通信技术开始应用，全省拨号网络、气象卫星综合应用业务系统（9210工程）等建成。2002年，广东省在全国率先建设全省气象宽带地面广域网。2004年，广东省气象局千兆双核心骨干网络投入业务，2010年升级为万兆双核心骨干网络。2011年，省、市、县主备双路宽带通信系统建成。

▲ 1998年，广州市气象台领导亲自上阵，安装"9210工程"卫星接收站

▲ 2003年11月，"9210工程"在广州气象大楼安装卫星接收站

▲ 2002年，广东省开展全省气象宽带地面广域网建设

▲ 2002年，广东省全省气象宽带地面广域网建设至县级气象局

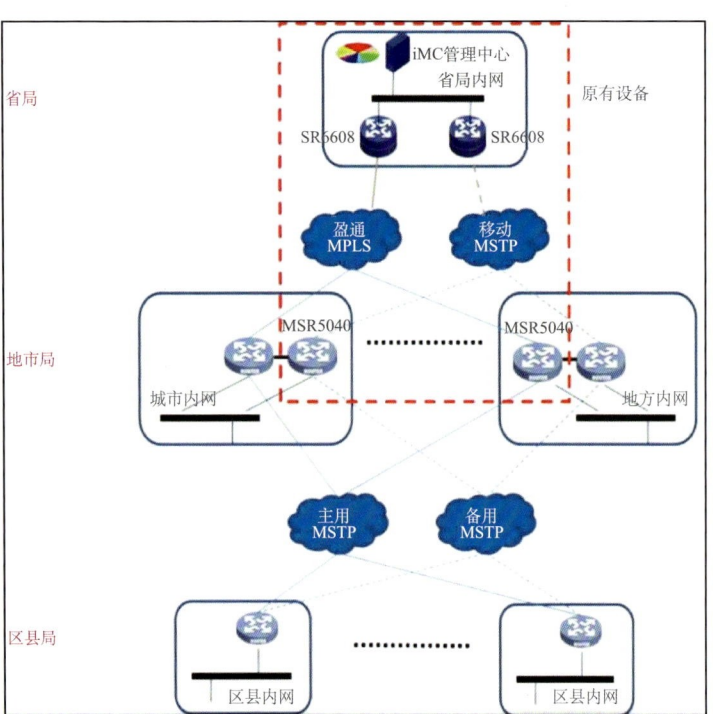

▲ 2011年，省、市、县主备双路宽带通信系统完成省、市、县气象局之间双路2 M的SDH宽带线路建设，采用"策略路由"实现省、市、县三级业务分流、故障自动切换（3秒以内），前端业务应用不受影响

进入21世纪后，随着气象数据的规模及种类不断扩大，气象观测频率已经达到"分钟级"，应用数据流传输和消息队列等技术的全国综合气象信息共享平台（CIMISS）系统于2016年9月在广东省开始业务化，实现了观测站在进行观测的同时将观测数据实时传送到省级、国家级气象数据中心，大大提升了数据传输能力和效率。如今，走在改革开放前沿的广东气象，打造了监测数据好用的"一云一图一平台"，推进了探测智能化和数据应用一体化，为气象预报和决策业务提供了畅通的"高速公路"和丰富的数据资源。

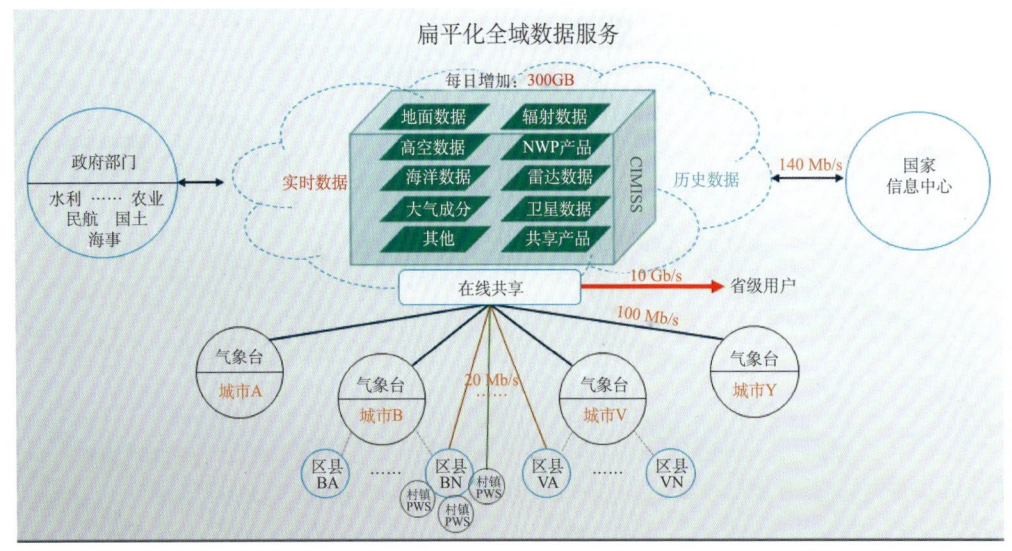

◀ 全国综合气象信息共享平台（CIMISS）系统在广东的应用

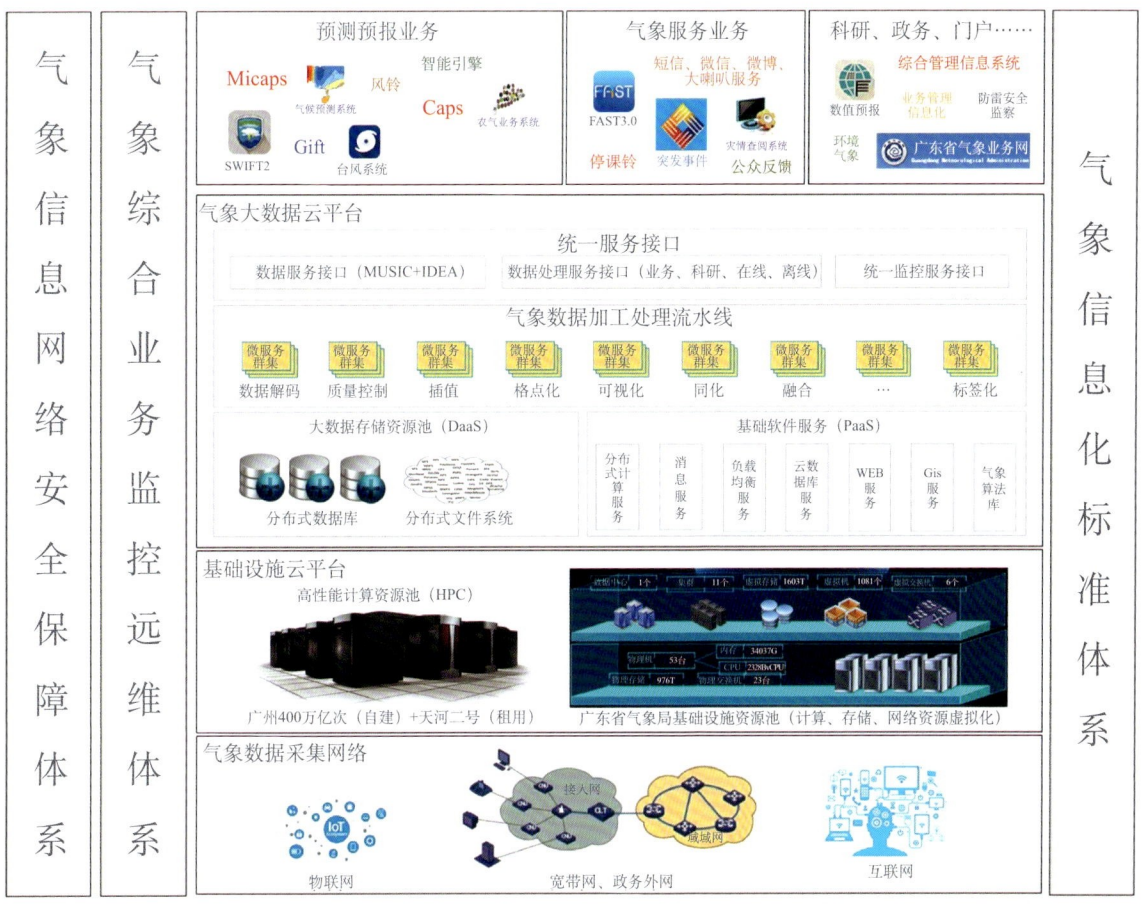

▲ 广东省气象信息总体架构图

2015年5月,国家超级计算广州中心建成。计算能力:391.69 TFLOPS;存储能力:949.22 TB;内存容量:58 TB;计算节点数量:423 个;CPU 核数:13664;机柜数量:21 个。

▲ 国家超级计算广州中心机

▲ 2016 年的气象探测数据中心监控大厅

气象科技篇

广东省不断强化气象科技创新，逐步建成了以中国气象局广州热带海洋气象研究所为主体，建设科研型业务单位的科技创新体系。科研项目不断取得新突破，并在气象业务发展中发挥重要作用，科研能力稳步提升。南海海洋、云物理、雷电、大气成分四大野外科学试验基地为广东气象高质量发展注入强大动能。

气象科技发展

1972年后,全国进行预报改革,以灾害性天气为主攻方向,引入数理统计方法,应用高性能计算机求取控制大气运动的微分方程组的数值解,用以分析天气演变的规律性,从而对未来的天气变化做出客观、定量预测的预报。

▲ 20世纪80年代的天气会商

1976年,为加强热带海洋气象研究工作,提高预报技术水平,广东省热带海洋气象研究所成立,并于2001年进行公益类科研院所改革,科学技术部、财政部、中央编办联合下发《关于对水利部等四部门98个科研机构分类改革总体方案的批复》(国科发证字〔2001〕428号),将广东省热带海洋气象研究所列入中国气象局"一院八所"的行列,并更名为"中国气象局广州热带海洋气象研究所"。

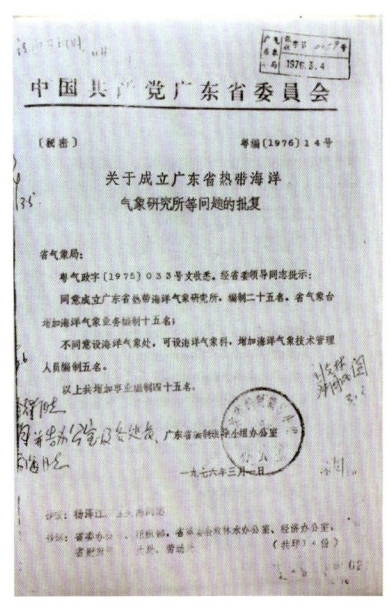

◀ 1976年3月,中国共产党广东省委员会批准广东省热带海洋气象研究所成立

2001年,科学技术部、财政部、中央编办联合下发批文《关于对水利部等四部门所属98个科研机构分类改革总体方案的批复》▶

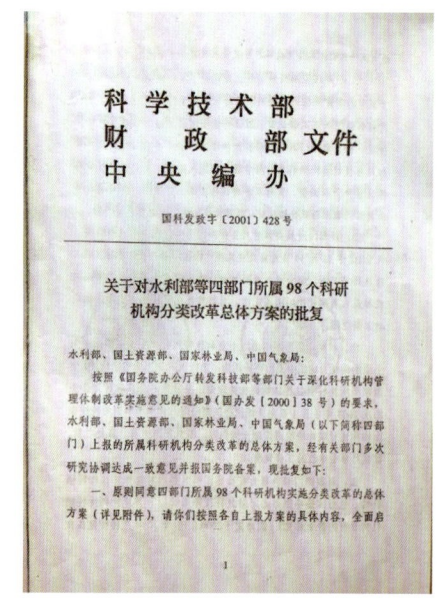

20世纪80年代末至90年代初,我国主要采取移植国外业务模式与相关软件的发展策略,基本建立了我国的数值预报业务体系。20世纪90年代初,我国跻身少数能够发布中期数值预报的国家。

1998年,热带海洋气象研究所(注:以下将广东省热带海洋气象研究所和改名后的中国气象局广州热带海洋气象研究所统一简称热带海洋气象研究所)季风团队参与了1998年南海季风国际科学试验;1999年出版了《南海季风爆发和演变及其与海洋的相互作用》一书;2004年建立了我国"中国季风网",提供南海季风监测产品,至今网站不断升级,监测预测产品不断丰富。

1998年5月,广东省委常委、副省长欧广源,中国气象局局长温克刚等领导参观设在广东省气象局的国家"九五"重大基础研究项目"南海季风试验和华南暴雨试验"作业运行中心

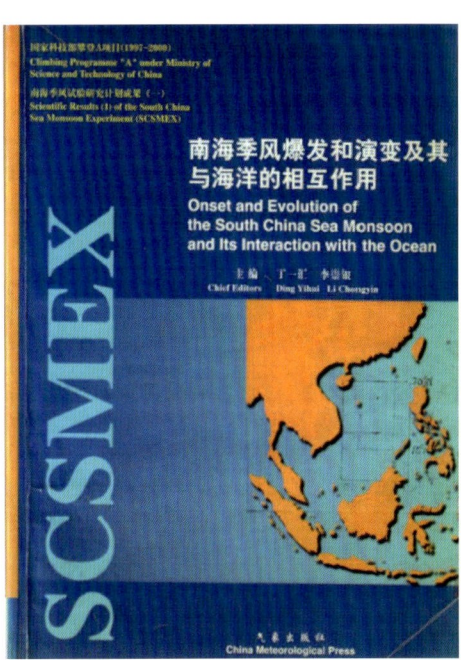

1998—2005年，热带海洋气象研究所环境气象团队研发了环境气象特种预报业务技术系统，2001年出版了我国首部环境气象学专著《环境气象学与特种气象预报》，之后又出版了《温室气体与温室效应》；2004年获得中华全国总工会、中华人民共和国科学技术部、中华人民共和国劳动和社会保障部联合授予的第一届"全国职工优秀技术创新成果奖"三等奖，并获得"广东省职工创新示范岗"荣誉称号。

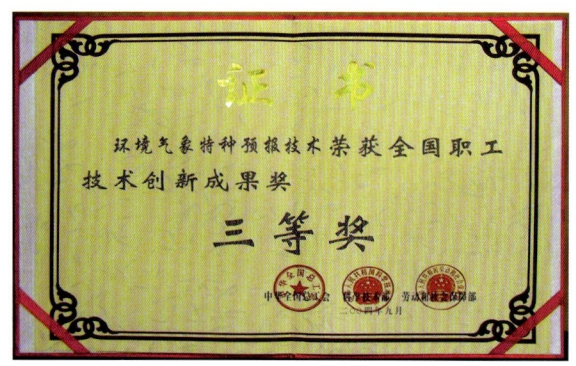

1998—2006年，热带海洋气象研究所环境气象团队设计并构建了南岭山地（京珠高速公路）雾区能见度预测预报技术系统，在全国率先对山地平流雾与上坡雾进行综合性研究，获得"中国气象局气象科技奖成果应用奖"二等奖。

2000年，热带海洋气象研究所季风团队针对"重大气候事件的诊断分析和预测方法的研究"专题的研究成果，出版了《严重旱涝与低温的诊断分析和预测方法研究》一书，涉及严重旱涝与低温的监测诊断系统、动力诊断和物理概念模型、可用于预测的强信号与物理因子及预测方法等。

2000年,热带海洋气象研究所季风团队出版了《广东省短期气候预测研究》,在广东省短期气候预测业务和决策服务工作中发挥了重要作用,于2001年获"广东省科学技术奖励"三等奖。

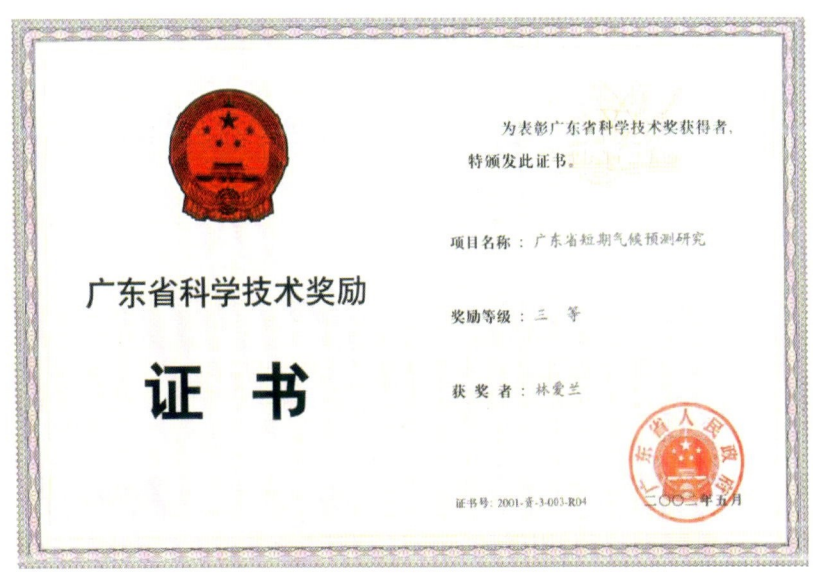

2002年,热带海洋气象研究所季风团队科研人员梁建茵团队获得首个国家自然科学基金资助。该团队至今已有13个项目获得国家自然科学基金等国家级资助,14个项目获省部级资助。

类型	国家级资助项目名称	主持人
国家自然科学基金	南海夏季风年代季变异对全球变化的反应	梁建茵
	华南前汛期开始日期的年际与年代际变化机制	谷德军
	南海－西北太平洋夏季风与澳大利亚夏季风之相位关系的观测分析与耦合模拟研究	谷德军
	南海夏季准双周和20—60天季内振荡的年代际变化特征及其机理研究	李春晖
	华南前汛期开汛三种类型的变化特征及其影响机制	李春晖
	亚太季风准两年模态的特征、影响及其模拟研究	郑彬
	热带季节内振荡与南亚高压季节内振荡之间相互作用	林爱兰
	热带印度洋海气相互作用对大气季节内振荡影响的年际变化特征及机理研究	林爱兰
	热带不同海风海气相互作用对亚－太区夏季热带季节内振荡的影响	林爱兰
	夏季西北太平洋副热带高压年际变率对全球变暖的响应及机理研究	何超
	影响中亚夏季降水年际变化的水汽来源及其动力机理研究	彭冬冬
科技部公益专项	南海夏季风活动的监测及服务研究	梁建茵
国家重点研发课题	持续性极端天气过程的时空演变特征和物理过程	林爱兰

▲ 热带海洋气象研究所季风团队获国家级资助项目一览表

2003—2013 年，热带海洋气象研究所气象团队开展珠江三角洲大气灰霾导致能见度下降问题研究。2007 年开始发布《广东省大气成分公报》，2012 年更名为《广东省灰霾天气公报》，提出灰霾的科学判别标准，为国内首次发布灰霾预警信号提供了技术支撑，并发布了《霾的观测与预报等级》行业标准。

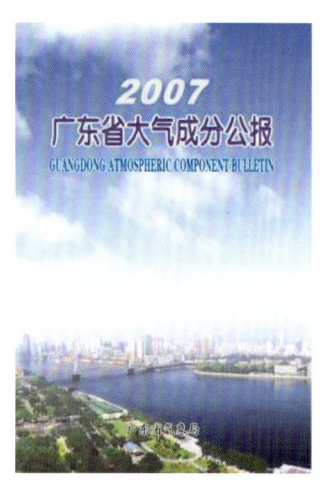

2004 年，热带海洋气象研究所数值预报研究团队开始参与发展我国新一代数值预报系统（GRAPES）；2006 年在广东省气象局 IBM 高性能计算机上建立并业务化运行基于 GRAPES 热带区域非静力模式，包括南海台风模式（36 km）和华南中尺度模式（12 km），2011 年通过了广东省气象局业务准入。

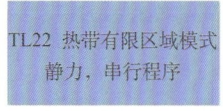

◀ 2006 年，基于 GRAPES 发展的南海台风模式业务化运行

2005 年，区域中尺度数值天气预报模式（GRAPES-TRAMS）试运行，2011 年正式业务化。

2006 年，热带海洋气象研究所海洋气象团队在珠海开启了海洋带边界层与珠江口海雾科学试验，正式开始进行南海海雾观测。

2006 年，热带海洋气象研究所环境气象团队开始研发华南区域大气成分业务数值预报模式系统，初期调试运行的是 MM5-SMOKE-CMAQ 版本（包括中尺度气象模式（MM5）、源排放处理模式（SMOKE）、大气化学模式（CMAQ）），经过近 10 年的本地化适应性开发，我国自主研发的 GRAPES 模式替代了 MM5 模式，于 2011 年 11 月获得广东省局业务准入。

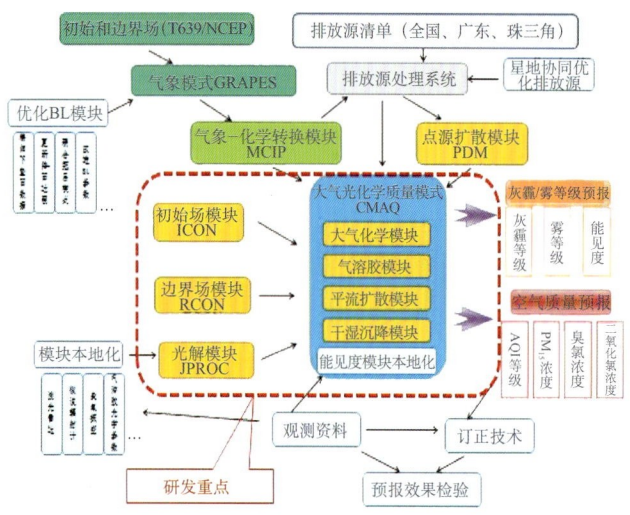

◀ 华南区域大气成分业务数值预报模式（GRACES）系统技术框架图

2008年，国内首个海上海洋气象观测平台在茂名市博贺镇附近海域落成，至今已开展了十多年的台风外场科学观测试验，在台风湍流及边界层结构、台风背景下海洋响应及海气边界层参数化方面获得代表性研究成果。

中国气象局南海（博贺）海洋气象科学野外试验基地基本构成

2008年，热带海洋气象研究所海洋气象团队基于GRAPES模式开发广东沿海海雾区域预报系统，经过4年的实际预报、3年的业务开发，于2015年完成业务准入，产品实际预报水平与GRAPES模式的中雨预报水平相当。

海洋气象团队申请冬春季广东沿海海雾区域预报系统业务化运行

2011年，热带海洋气象研究所环境气象团队开始研发高分辨率华南区域温室气体（碳源汇）数值反演模式系统。2019年6月，珠三角区域碳源汇数值评估模式系统通过了业务试运行申请，拟深入探讨一体化大气成分（雾和霾、空气质量、碳源汇）数值模式发展趋势，为区域低碳经济与可持续发展提供科技支撑。

2012年，通过省部合作创建成立中国气象局/广东省区域数值天气预报重点实验室（简称区域数值天气预报重点实验室）。区域数值天气预报重点实验室是我国唯一专门针对区域模式开发的省部级重点实验室，致力于开发面向南海、东南亚的热带区域模式，面向泛珠三角的华南中尺度模式和专业数值预报模式，力争在未来10年内成为有重要国际地位的热带区域模式研发中心和技术交流中心。

▲ 2012年12月，区域数值天气预报重点实验室揭牌

▲ 2012年12月，区域数值天气预报重点实验室学术委员会第一次会议召开

2012年，海浪、风暴潮等海洋气象数值预报先后进入业务准入试运行和业务准入运行，在南海台风风暴潮预报方面起到了重要作用。

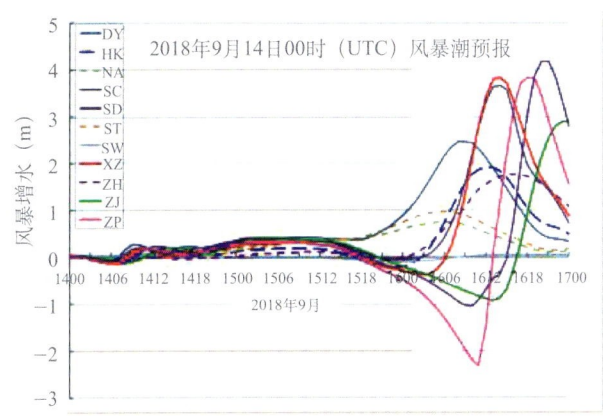

▶ 2018年，提前50多小时预报"山竹"台风风暴潮最大值出现的时间及大小

2013年，热带海洋气象研究所环境气象团队开始研发泛珠三角区域大气污染防治联防联控关键技术，初步建立了泛珠三角区域联防联控模式系统，并逐步开展针对珠三角区域光化学臭氧污染控制区识别的研究。2019年6月，广东省珠三角臭氧控制区的在线诊断系统通过了业务试运行申请。

泛珠三角区域大气污染防 ▶
治联防联控示意图

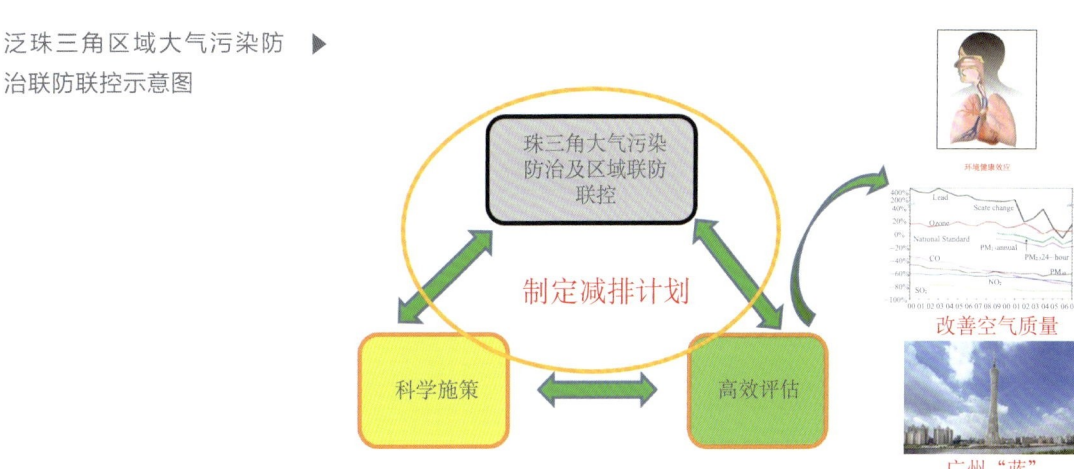

2014年，400万亿次高性能计算机投入使用，区域中尺度数值天气预报模式分辨率提高到9 km（台风）和3 km（精细化），利用新一代中国南海台风模式预报系统（TRAMS），提高了预报结果的准确性。

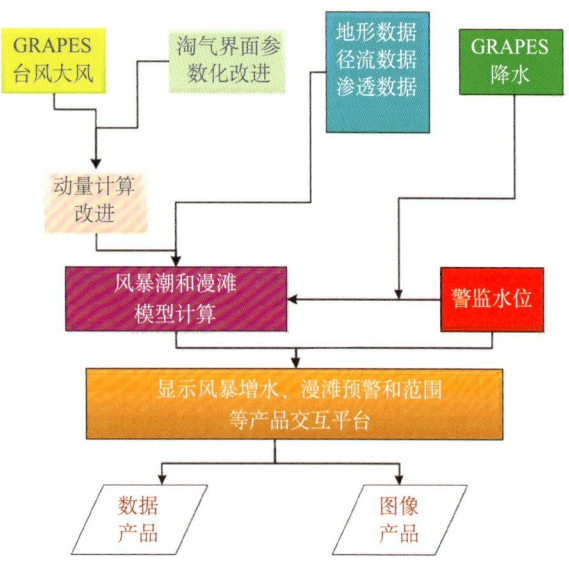

2015年，热带海洋气象研究所海洋气象团队开始尝试建立风暴潮、漫滩数值预报模式系统。

◀ 风暴潮、漫滩数值预报模式系统结构示意图

2016年，广东省气象探测数据中心的"广东省新一代天气雷达组网关键技术创新及应用"项目获得2016年度"广东省科学技术奖励一等奖；热带海洋气象研究所的"华南区域精细数值天气预报模式技术开发"项目获得"广东省科学技术奖励二等奖"，"中国南海台风模式预报系统（TRAMS）的研发与应用"项目获得中国气象学会"气象科学技术进步成果奖二等奖"。

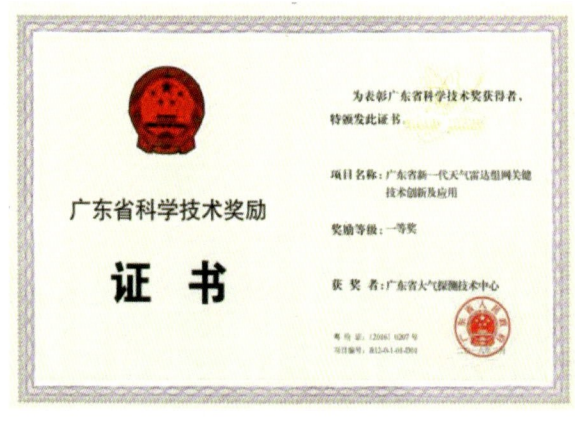

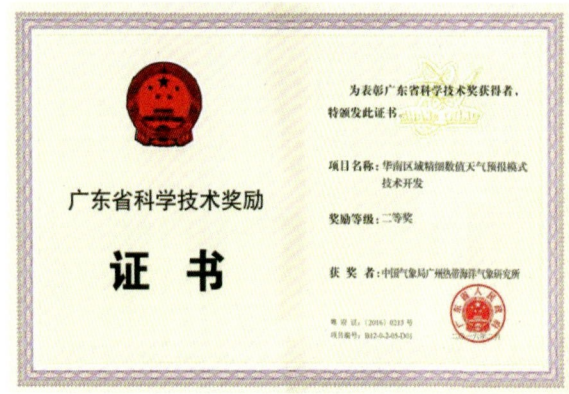

自 2016 年起，华南区域气象中心组织召开泛珠三角区域数值预报合作联席工作会，最初为广东、广西、海南、福建、贵州五省（区）共同探讨在区域数值天气预报及其在精细化预报中应用的合作与发展，至今已包括广东、广西、海南、福建、贵州、云南、湖南、江西共八省（区）。

▲ 2018 年，泛珠三角区域数值预报合作联席工作会议在贵州省召开

▲ 2019 年，泛珠三角区域数值预报合作联席工作会议在江西省召开

2017 年，为了能够提高区域中尺度数值天气预报模式精度，区域数值天气预报重点实验室积极引进人才，于年底正式引进张邦林博士，以提供技术服务与支撑。

张邦林博士（左二）人才引进签字仪式 ▶

2017 年，"广州精细数值预报模式系统"开始在"天河二号"计算机上运行。

广州精细数值预报模式系统在"天河二号"计算机运行的签字仪式 ▶

2018年，热带海洋气象研究所的"台风监测预报系统关键技术"项目获得2018年度"国家科学技术进步奖"二等奖。

2019年，"南海台风模式（9 km）"顺利通过中国气象局预报与网络司组织的业务升级评审。结合在2018年由中国气象局预报与网络司组织召开的业务准入评审会通过的"华南区域中尺度模式（GRAPES—GZ）(3 km)"，以及从2017年4月开始在广州市气象业务部门投入实时业务应用的"短临预报模式（强对流）(1 km)"，区域中尺度数值天气预报模式（GRAPES—TRAMS）完成了从"36-18-9 km"到"9-3-1 km"的业务化升级。

为切实提高气象部门精准预报、服务民生水平，推动广东气象和水利深度融合发展，2019年7月，广东省水利水电科学研究院、广东省气象台、广州数鹏通科技有限公司联合成立广东省水利与气象智能融合应用实验室。

▲ 广东省水利与气象智能融合应用实验室揭牌仪式现场

试验基地建设

自 2003 年起,广东省先后谋划和建设了中国气象局南海(博贺)海洋气象野外科学试验基地、中国气象局(龙门)云物理野外科学试验基地、中国气象局(从化)雷电野外科学试验基地、中国气象局珠江三角洲(番禺)大气成分野外科学试验基地。十年磨一剑,科学试验基地成效初显,广东省气象局以科学试验基地为科技创新的增长点,打造了从观测数据延伸到机理研究,再到预报服务的"生态链"。

▶ 中国气象局南海(博贺)海洋气象野外科学试验基地

中国气象局南海(博贺)海洋气象野外科学试验基地(简称海洋气象试验基地)位于南海之滨,是目前我国唯一业务运行的海洋气象综合试验基地。与国际上同类的长期观测站点相比,地理位置优越,具备观测和研究海洋灾害性天气的基本条件;具有良好的海岸带天气气候和近海海洋代表性,是我国最重要的台风观测试验基地。

目前,海洋气象试验基地的观测设施主要由岸基观测站、海上综合观测平台、100 米观测铁塔及海上浮标 4 个部分组成,共承担和实施了 2 项国家重点基础研究发展计划("973 计划")项目课题、1 项专题课题、2 项公益性行业专项、9 项国家自然科学基金项目和 20 多项省部级项目的外场科学试验。发表论文 80 多篇,其中 SCI(E)期刊论文 20 篇。尤其是在台风和海雾数值预报模式的海面湍流通量参数化模块改进方面,取得了一批具有较高水平的成果,得到了国内外同行的充分肯定。

▲ 2006 年,海洋气象试验基地开始建设

▲ 2007 年 2 月,崎仔岛海上 100 米气象观测塔建成

▲ 海洋气象试验基地面貌的变化

海洋气象试验基地观测站风廓线雷达

海洋气象试验基地陆上全景

▲ 2008 年 8 月，海洋气象试验基地海上观测平台建成

▲ 2008 年 9 月，海洋气象试验基地海上 100 米气象观测塔建成

◀ 2012年1月，海洋气象试验基地海上100米气象观测塔安装观测设备

2017年6月，海洋气象试验基地海上平台安装观测设备 ▶

◀ 2012—2017年，每年1—5月，海洋气象试验基地进行强风边界层湍流结构与动量传输观测试验

▶ 中国气象局（龙门）云物理野外科学试验基地

中国气象局（龙门）云物理野外科学试验基地（简称云物理试验基地）针对华南强降水预报难题，利用国内外先进探测技术，开展野外观测试验，为华南强降水机理研究和区域精细数值模式发展提供数据支撑。云物理试验基地以广东龙门为中心主站，多站点同步观测。布设多种国际先进"云－降水－气溶胶－环境场"观测设备，累积投入超过 5000 万元。云物理试验基地采用多种观测手段进行局地加密观测，获取热带季风区云和降水完整观测资料集。近年来，广东省依托云物理试验基地承担国家级科研项目 20 余项，省部级项目 5 项，累积获取项目经费支持超过 4000 万元。基于云物理试验基地观测资料，发表论文 50 余篇，其中 SCI 论文 30 余篇。研究团队在双偏振雷达和毫米波云雷达资料分析应用、云降水微物理特征研究、华南强降水机理研究、稠密探测资料同化和云微物理方案改进等方面取得了丰硕的研究成果。

▲ 云物理试验基地观测设备布局和实景

▲ 2018 年的云物理试验基地龙门中心主站全景

▲ 2017年4月,中国气象局副局长许小峰(前排中)视察试验基地

▲ 2017年2月,中国科学院院士曾庆存(前排左二)和中国工程院院士陈联寿(前排右二)考察试验基地

▶ 中国气象局(从化)雷电野外科学试验基地

中国气象局(从化)雷电野外科学试验基地(以下简称雷电试验基地)是基于触发闪电和自然闪电观测的大气电学综合试验基地,是深入开展雷电监测、雷电预报预警和雷电防护研究的重要科学平台,目前主要由广州从化人工引雷试验场、从化气象局雷电观测站和广州高建筑物雷电观测站三部分组成。雷电试验基地至今共成功引雷189次,近三年引雷成功率达到国际领先水平。雷电试验基地在闪电物理研究、雷电探测、雷电防护应用研究及高建筑物雷电研究方面形成了自己的特色,部分成果得到了国际同行的高度关注。雷电试验基地承担了国家重点研发计划、国家自然科学基金等国家和省部级项目20余项,不同行业合作开展的重大横向课题10余项。近五年,共发表期刊论文106篇,其中SCI期刊收录38篇、EI期刊收录14篇、核心期刊收录54篇。培养博士后4名、博士14名、硕士50名,在雷电研究领域起到了科技支撑的作用。2018年,雷电试验基地入选首批中国气象局野外科学试验基地。

▲ 2007年1月,周秀骥院士、吕达仁院士主持雷电试验基地建设论证会

2008年7月，雷电试验基地成功引雷

2008年11月，中国气象局副局长王守荣（近二）视察雷电试验基地

2009年5月，中国气象局原局长温克刚（左三）视察雷电试验基地

2009年7月，国际知名雷电专家Rakov（一排右五）参观雷电试验基地

▲ 2018年6月，中国科学院院士张人禾（左二）视察雷电试验基地

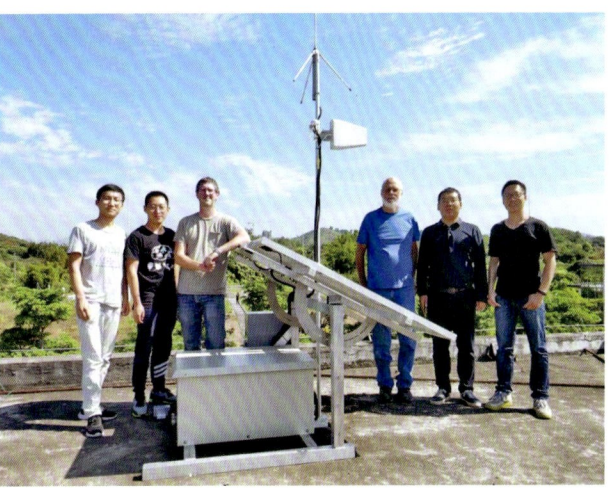

▲ 2018年11月，国际雷电专家Bill（右三）访问雷电试验基地，合作开展闪电探测试验

▶ 中国气象局珠江三角洲（番禺）大气成分野外科学试验基地

通过十多年的发展，中国气象局珠江三角洲（番禺）大气成分野外科学试验基地（以下简称大气成分试验基地）在城市群气溶胶光学特性、化学特性与光化学基础观测方面具有优势，是目前国内少有的大气成分要素观测齐全，并具有相当科学前瞻观测能力的综合平台，在珠三角与华南的大气成分观测中起着引领与示范的作用。自2007起，依托该基地的观测数据每年发布《广东省大气成分公报》，2012年改称为《广东省灰霾天气公报》。自2004年以来，大气成分试验基地支撑了一批科研课题，包括国家自然科学基金12项、国家"973计划"课题2项、"863计划"课题1项、国家科技支撑计划课题1项、公益性（气象）行业专项1项、气候变化专项3项、广东省发改委低碳专项1项、广东省自然科学基金6项，广东省科技计划等5项。产生了一批科研成果，发表科学论文100多篇，其中SCI期刊论文50多篇，核心期刊论文130多篇；获省部级奖励3项、国家发明专利1项。培养了一支优秀的科研团队。

▲ 大气成分试验基地业务站

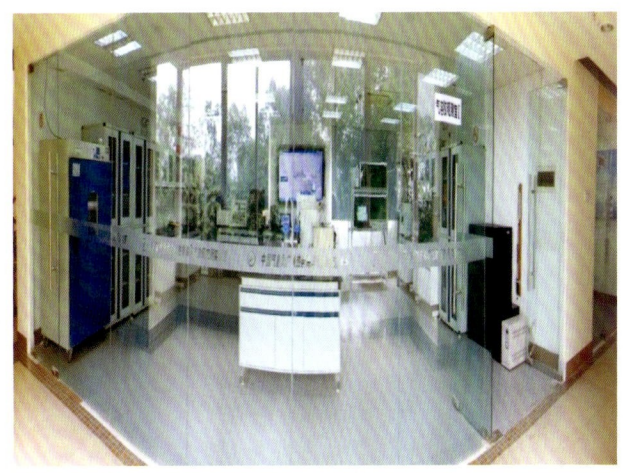

▲ 大气成分试验基地实验室

▲ 2005年2月,中国科学院院士周秀骥(左一)、中国工科院院士丁一汇(左二)等参观大气成分试验基地

▲ 2007年3月,中国气象局副局长许小峰(右二)视察大气成分试验基地

◀ 2011年12月,区域大气成分与环境气象学术交流会议在大气成分试验基地召开

◀ 2012年11月,中国工程院"应对气候变化的科学技术问题研究"重大咨询项目组考察大气成分试验基地

▲ 2014年4月，全国政协人口资源环境委员会调研组视察大气成分试验基地

▲ 2015年1月，美国马里兰大学 Russell R.D.（中）与李占清（右）教授考察大气成分试验基地

▶ 其他气象试验基地

深圳市天文台

深圳市天文台是深圳市气象局集天文、气象、海洋观测为一体的的综合性观测基地，2010年9月正式对外开放。

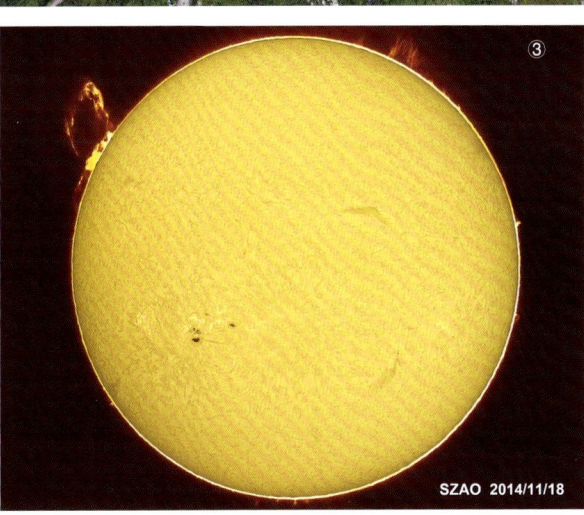

① 深圳市天文台全景

② 深圳市天文台的180毫米口径白光太阳望远镜（左）、300毫米口径大视场测光望远镜（中）、130毫米口径 Hα 太阳望远镜（右）

③ 2014年11月18日，深圳市天文台 Hα 太阳望远镜拍摄到的太阳表面活动，左上的日珥足有十几个地球大小

深圳石岩综合气象观测基地

◀ 深圳国家气候观象台主站——石岩综合气象观测基地

◀ 深圳石岩综合气象观测基地观测场

◀ 2016年，位于深圳石岩综合气象观测基地内的亚洲第一、世界第二高的深圳气象梯度观测塔建成

深圳石岩综合气象观测基地气象梯度观测塔设备

深圳西涌海洋气象观测基地

深圳西涌海洋气象观测基地对流层风廓线雷达

深圳西涌海洋气象观测基地观测场

气象管理篇

　　广东省行政区域内气象工作管理机构，实行中国气象局和广东省人民政府双重领导，以中国气象局领导为主的管理体制。根据授权承担本行政区域内气象工作的政府行政管理职能，依法履行气象主管机构的各项职责。

　　1997年，广东省人民代表大会颁布《广东省气象管理规定》，1999年，广东省人民政府出台《广东省防御雷电灾害管理规定》，从此，广东省气象事业走上了依法发展的快车道，气象业务现代化水平不断提升。

气象管理体制发展

▶ 机构沿革

新中国成立后至 1953 年 12 月,广东省气象部门属军队建制,具体业务归中南军区司令部气象处管理。1954 年转归省人民委员会建制,广东省气象局与地方政府对全省气象台站实行双重领导,以省气象局为主的管理体制。1958 年后各地(市)气象管理机构相继设置,改为双重领导,以地方政府为主。1962 年双重领导又以省气象局为主。自 1970 年 12 月起实行省军区与省革委会双重领导,以省军区为主的管理体制。1973 年 6 月,广东省气象局从广东省军区划归广东省革委会(后改称广东省人民政府)建制、领导。1982 年 12 月,深圳、珠海市气象台调整为以市政府与省气象局双重领导,以市政府领导为主的管理体制。自 1983 年 5 月起实行中国气象局与省人民政府双重领导,以中国气象局领导为主的管理体制(1988 年 5 月海南省气象局成立,海南地区气象工作不再归广东省气象局领导)。

▶ 机构设置

广东省气象局组织机构经历过多次变化与调整,2019 年设置的机构有:

内设机构 办公室、应急与减灾处(预警防灾办公室、广东省重大气象灾害应急指挥部办公室)、政策法规处(公共安全监督处)、公共服务监督处、监测网络处(资源生态处、气候变化处)、科技预报处、发展改革与财务处、人事处、机关党委办公室(党建指导办公室)、离退休干部办公室,设立党组纪检组。

直属单位 中国气象局广州热带海洋气象研究所(广东省气象科学研究所)、广州气象卫星地面站、广东省气象台(南海海洋气象预报中心)、广东省气象探测数据中心(广东省气象技术装备中心、广东省气象科技培训中心)、广东省气候中心(广东省气候变化中心、广东省气候资源中心)、广东省生态气象中心(珠江三角洲环境气象预报预警中心)、广东省气象公共服务中心(广东气象影视宣传中心)、广东省气象公共安全技术支持中心、广东省气象局机关服务中心(广东省气象局财务核算中心)。

挂靠机构 广东省气象学会。

地方气象机构 经广东省机构编制委员会办公室批准设立、由广东省气象局管理的机构:广东省防雷减灾管理中心、广东省突发事件预警信息发布中心(广东省人工影响天气中心)、广东省气象防灾技术服务中心。

副省级城市气象局 广州市气象局、深圳市气象局(深圳市气象局实行以深圳市政府与广东省气象局双重领导,以市政府领导为主的管理体制)。

市(县)气象局 地市级气象局 19 个(其中珠海市气象局实行以珠海市政府与广东省气象局双重领导,以市政府领导为主的管理体制),县级气象局 76 个;其他独立设置的县级气象机构 22 个(气象站 12 个,农试站 1 个,雷达站 9 个)。

▶ 气象队伍

新中国成立以来，不断从军队、院校等渠道补充气象专业人才。随着气象事业的发展和气象部门多次改革调整工作的推进，气象队伍日益壮大，结构不断变化。1981年底，全省气象部门共2625人（包括海南气象部门）。2019年底，全省气象部门在职人员共4513人，其中参照公务员法管理人员800人，国家事业编制1917人，地方事业编制875人，编外用工人员921人。职称结构为：高级职称405人，中级职称810人。

2014年8月，广东省委、省政府召开全面深化气象管理体制改革试点工作部署会，省直各有关单位、各市政府分管领导参加了会议

气象法治建设

改革开放前，广东省气象部门法律规章制度建设较弱。1997年1月，广东省人大常委会颁布首部地方气象法规《广东省气象管理规定》，广东省在全国率先将气象工作纳入法制化管理，先后出台3部地方性气象法规、7部地方政府气象规章，逐步构建了框架清晰、内容比较完备的地方气象法规体系。2015年，广东省气象标准化技术委员会成立，重点推进涉及气象安全地方标准制修订，共牵头起草、编制、发布气象国家标准3项、气象行业标准21项、气象地方标准7项。依法开展气象公共安全监察工作，自2013年起，每年由省安全生产委员会（以下简称省安委会）统一部署，气象部门牵头多部门联合开展气象安全执法检查行动。

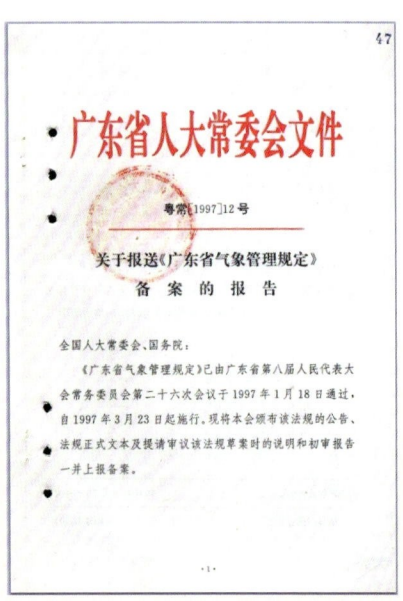

▲ 1997年1月,广东省首部地方气象法规《广东省气象管理规定》颁布

▲ 1999年,广东省气象局转发省人民政府《广东省防御雷电灾害管理规定》,广东省在全国率先将雷电灾害防御纳入法治化轨道

◀ 2006年5月,广东省气象局和广东省人民政府法制办公室联合召开贯彻实施《广东省突发气象灾害预警信号发布规定》新闻发布会

◀ 2014年11月，广东省人民代表大会通过《广东省气象灾害防御条例》，该条例于2015年3月1日起施行，在全国首立停课、停工机制

2015年12月，广东省气象标准化技术委员会授牌成立 ▶

2016年，《突发事件预警信息发布中心建设规范》等7项地方标准发布实施，填补了气象地方标准空白 ▶

2017年8月,广东省气象标准化技术委员会召开工作会议。同年,广东省质监局授予广东省气象标准化技术委员会"优秀标委会"称号

2018年8月,广东省气象局、广东省质监局联合召开《广东省突发事件预警信息标准体系规划与路线图(2018—2022年)》新闻发布会

2018年,全国首部规范气象灾害防御重点单位的地方政府规章《广东省气象灾害防御重点单位气象安全管理办法》颁布实施。截至2018年12月31日,广东省共有3328家单位被认定为气象灾害防御重点单位

◀ 自2013年起，气象安全生产法定职责被纳入政府安全生产管理体系，成为考核党政领导班子和领导干部的指标之一。广东省气象局作为承担考核任务的单位之一参与考核工作

自2013年起，广东省气象局牵头多部门联合开展气象安全执法检查行动 ▶

年度	检查类型	检查企业（单位）数	发现隐患企业（单位）数	发现隐患处（项）
2016	地市自查	996	287	455
	省级检查	15	3	8
2017	地市自查	1409	418	1679
	省级检查	21	20	98
2018	地市自查	493	239	482
	省级检查	13	13	52
合计	地市自查	2898	944	2616
	省级检查	49	36	158

▲ 自2016年起，广东省气象部门开展针对重点单位的气象灾害防御专项执法检查

▲ 2017年9月，由广东省气象局、住房和城乡建设厅、安全生产监督管理局等部门组成的省联合检查组，赴中石化广州分公司开展重点行业领域气象灾害防御专项执法检查省级复查工作

▲ 2018年5月，广东省气象局召开《广东省气象灾害防御重点单位气象安全管理办法》媒体通报会

重大规划与重大工程建设

进入"十二五"规划时期后,在中国气象局和广东省人民政府的大力支持下,广东省气象部门组织实施了一大批重大规划建设项目,带动广东气象现代化的全面发展,在全国起到了引领作用。

▶ "十二五"规划印发及实施

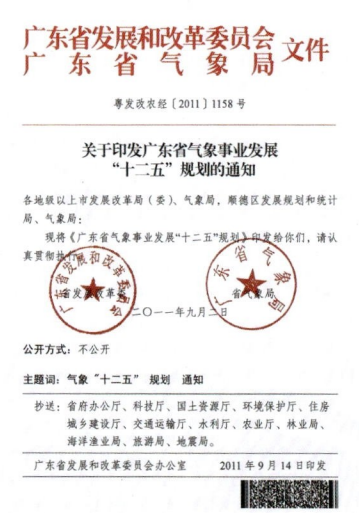

◀ 2011年,广东省气象局首次与广东省发展和改革委员会联合印发《广东省气象事业发展"十二五"规划》

2011年,广东省发展与改革委员会正式批复《珠江三角洲中小尺度气象灾害监测预警中心建设项目可行性研究报告》 ▶

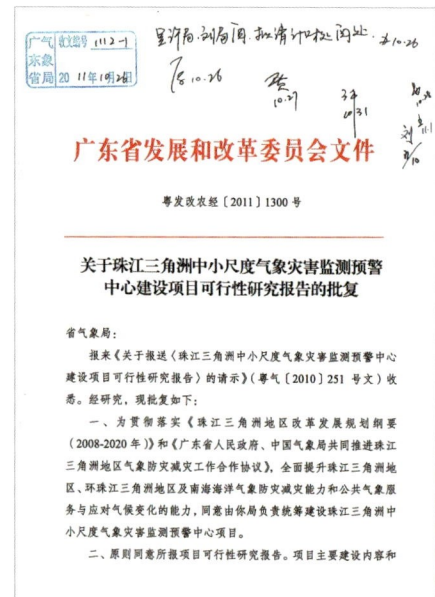

◀ 2013年12月,珠三角中小尺度气象灾害监测预警中心(简称珠三角预警中心)开工建设。图为奠基仪式

2014年9月,珠三角预警中心建设现场

2014年12月,珠三角预警中心主体工程顺利封顶

2015年10月,广东省副省长邓海光(左二)赴珠三角预警中心现场指导工作

▲ 2016年3月,珠三角预警中心建设完成,投入业务运行

▶"十三五"规划印发及实施

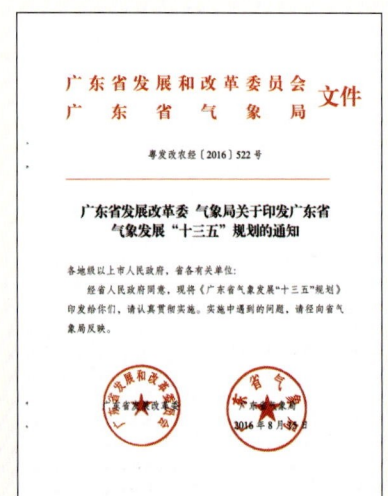

◀ 2016年8月,广东省气象局与广东省发展和改革委员会联合印发《广东省气象发展"十三五"规化》

广东气象将努力推进"智慧气象"综合防灾保障工程、"平安海洋"气象保障工程、气象科技核心技术提升工程三大工程,完成世界气象中心(北京)粤港澳大湾区分中心建设,大力推进气象防灾减灾第一道防线示范省建设,做到监测精密、预报精准、服务精细,推动气象事业高质量发展,为广东实现"四个走在全国前列"、当好"两个重要窗口"提供优质气象保障。

▲ "智慧气象"综合防灾保障工程

◀ "平安海洋"气象保障工程

◀ 气象科技核心技术提升工程

◀ 世界气象中心(北京)粤港澳大湾区分中心建设

开放与合作篇

改革开放以来，广东省气象部门积极参与国际交流与合作，尤其是近年来承办了一系列高水平国际气象会议，很好地展示了部门形象，促进了事业发展。

进入 21 世纪，广东省气象部门不断加强与其他部门的合作交流，不断完善"政府主导、部门联动、社会参与"的气象防灾减灾机制。

粤港澳三地一直保持良好传统，在多个领域合作紧密，多次召开业务合作、重要天气研讨、工作联席会议等，携手推动气象事业共同发展，为粤港澳大湾区建设打下良好基础。

国际交流

▲ 1991年11月，台风特殊试验技术会议在广州召开

▲ 1992年1月，政府间气候变化专门委员会（IPCC）第一工作组第三次会议在广州召开

▲ 1992年1月，国家气象局局长邹竞蒙（右一）、广东省副省长凌伯棠（右三）在广州会见政府间气候变化专门委员会第一工作组第三次会议的外宾

▲ 1992年6月，越南气象代表团来访，参观广东省气象局电信台

▲ 1992年10月，伊朗气象代表团访问深圳市气象台

▲ 1992年12月，世界气象组织台风委员会第二十五届会议在珠海召开

◀ 1993年5月，独联体十五国气象局长考察团参观广东省气象局

▲ 1993年5月，世界气象组织成员国20位外国气象局局长参观深圳市气象台

▲ 1994年12月，中越重要天气研讨会在广州召开

▲ 1996年12月，对外双边及边境地区合作培训在深圳开班

▲ 1997年11月，广东省气象局代表团一行赴美国交通部天气局考察

▲ 1998年12月，世界气象组织第二区域（亚洲）协会全球通信技术研讨会在广州召开，与会代表合影

▲ 2000年9月，世界气象组织第二区域（亚洲）协会第十二届大会在广州召开

▲ 2008年11月,"中英气候变化影响与适应"项目座谈会在广州召开

▲ 2011年4月,多国别气象考察团参观广东省气象局

▲ 2014年5月,国际气象卫星会议在广州召开,与会代表合影

▲ 2015年10月,世界气象组织多国别考察团到深圳市气象局交流参观

▲ 2016年11月,世界气象组织基本系统委员会第16次届会在广州召开。图为参会的各国气象部门官员和专家到广东省突发事件预警信息发布中心参观

2018年6月,联合国政府间气候变化专门委员会(IPCC)会议在广州召开

2019年2月,联合国亚太经济社会/世界气象组织台风委员会第51次届会在广州召开,与会代表合影

同港、澳、台交流与合作

▲ 1987年6月,粤港重要天气研讨会在香港天文台召开

▲ 1985年7月,广东省气象局与香港天文台合作,在珠江口的黄茅洲建立了我国首个无人自动气象站

▲ 1990年,广东省气象局与澳门地球物理气象台合作开通广州到澳门的气象电路

▲ 1993年11月,粤港澳第八届重要天气研讨会在广州召开

1994年11月,广东省气象局局长谢国涛(左二)率团参加香港天文台大老山多普勒雷达开幕典礼 ▶

1996年12月,粤港澳第十一届重要天气研讨会在广州召开 ▶

▲ 1996年6月,第一届粤港澳气象业务合作会议在深圳召开

▲ 1997年11月,广东省气象部门专家访问香港天文台

▲ 2001年2月,广东省气象代表团参加在台北科技大学举办的两岸气象防灾教育研讨会。

▲ 2002年,台湾气象专家来广东省气象台访问

▲ 2004年2月,珠江三角洲自动气象站合作二十周年庆典在香港举行

▲ 2005年3月,粤港澳签署合作建设珠江三角洲综合观测网纪要十周年纪念会议在阳江召开

◀ 2006年1月,第二十届粤港澳气象科技研讨会暨第十一届业务合作会议在澳门召开

2012年9月,粤港澳共建闪电定位网络第7个定位站——阳江闪电定位站正式启用 ▶

▲ 2012年9月,珠澳合作共建天气雷达项目举行奠基仪式

▲ 2013年1月,第十八届粤港澳气象业务合作会议暨第二十七届粤港澳气象科技研讨会在韶关举行,并庆祝粤港澳气象合作三十周年

▲ 2014年11月,粤港合作联席会议第十七次会议在广州召开

▲ 2017年9月,粤港澳三地气象部门代表到港珠澳大桥调研

▲ 2017年11月,《粤港澳大湾区气象规划》编制启动会在广州召开

与其他部门合作

▲ 2009年3月,广东省气象局与广东省农业厅签署合作备忘录

▲ 2011年10月,广东省气象局与广东省民政厅签署《加强防灾减灾工作合作协议》

▲ 2012年7月,广东省气象局和清远市人民政府签署《加快清远市气象现代化试点市建设合作协议》

▲ 2016年5月,广东省气象局和广东省工商局签署《开展企业信息共享和联合惩戒工作合作协议》

▲ 2017年12月,广东省环境保护厅、广东省气象局和佛山市人民政府签署《共同加强大气污染防治科技支撑的合作协议》

精神文明建设篇

广东省气象局高度重视精神文明建设工作,不断深化气象部门文化建设水平和软实力,以积极进取、迎难而上的精神状态,将广东省气象部门由环境艰苦、工作辛苦、生活清苦的"三苦"部门,建设成为在气象现代化进程中走在全国前列的先进部门。始终以"你的冷暖,在我心中;你若安好,便是晴天"的服务理念,主动融入地方经济社会发展,为广东实现"四个走在全国前列"扛起气象担当。

气象模范受到党和国家领导人接见

在新中国成立以来社会主义建设中,气象人勇立潮头,发挥气象人精神,建功立业,受到国家领导人的接见。1957年4月,由广东省气象局局长刘铁平带队,由5名先进工作者赴京参加全国气象先进工作者会议,并受到中共中央主席毛泽东、副主席朱德、总书记邓小平的接见。1977年,林保色参加全国"双学"活动表彰大会,受到邓小平、叶剑英等党和国家领导人的接见。1992年1月,国务委员宋健等领导同志与全国防汛减灾气象服务先进代表合影。广东省气象台台长陈桂樵、广东省气象台贺忠同志获得本次表彰。

气象先进代表会议

1956年6月,广东省第二次气象功模代表会议召开,代表合影留念

▲ 1960年1月，1959年广东省气象工作受奖单位全体代表会议召开，代表合影留念

▲ 1982年4月，广东省气象工作会议暨气象先进代表会议召开，代表合影留念

▲ 1987年1月，全国气象服务工作会议在广州召开，代表合影留念

▲ 1991年3月，广东省气象部门先进代表会议暨气象工作会议召开，代表合影留念

◀ 1991年3月，广东省气象部门先进代表会议暨气象工作会议召开

◀ 1994年3月，广东省气象工作会议暨先进代表会议召开

1997年3月,广东省气象工作会议暨先进代表会议召开

▲ 2001年3月,广东省气象工作会议暨先进代表会议召开,代表合影留念

▲ 2003年6月,全省气象系统"新型台站"授牌大会暨创建文明行业工作现场会召开,代表合影留念

获得上级部门表彰

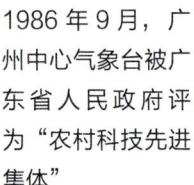

1986年9月,广州中心气象台被广东省人民政府评为"农村科技先进集体"

▲ 1994年2月,广东省气象局被评为"全国文明服务示范单位"

▲ 1994年3月,潮州市气象局文明单位命名大会召开

▲ 1999年9月,广州中心气象台被中共广东省委、广东省人民政府评为"文明窗口"

▲ 2000年9月,广东省气象局被中共广东省委、广东省人民政府评为"广东省精神文明建设先进系统"

▲ 2006年,东莞市气象局被广东省委、省政府评为"广东省抗洪救灾模范集体"

▲ 2009年，因在2008年低温雨雪冰冻灾害天气服务中表现突出，广东省气象科技服务中心获得2009年全国"工人先锋号"称号

▲ 2010年1月，"全国气象系统先进集体"揭牌仪式在东莞市气象局隆重举行

▲ 2018年2月，东莞市气象局举行"全国文明单位"挂牌仪式

▲ 2019年4月，广东省气象台喜获中华全国总工会"工人先锋号"荣誉称号

◀ 2019年4月，庆祝"五一"国际劳动节暨劳模表彰大会在广州举行，广东省气象台喜获"广东省五一劳动奖状"

不忘初心、牢记使命、永葆本色

▲ 2005年11月，全国气象部门基层党建工作经验交流会在广州召开，代表合影留念

▲ 2006年6月，广东省举行"广东气象部门纪念建党八十五周年"文艺汇演

▲ 2007年6月，广东省气象局召开直属机关党员大会

◀ 2011年6月,广东省气象局直属机关举行纪念建党九十周年专题党课暨党史知识竞赛活动

2011年6月,广东省气象局举办庆祝中国共产党成立九十周年大会暨红歌演唱会 ▶

▲ 2012年5月,出席中国共产党广东省第十一次代表大会的广东省气象部门4位代表在闭幕式上合影

▲ 2019年6月,广东省气象局举办纪念建党98周年暨"不忘初心 牢记使命"主题演讲比赛

各类文体活动

▲ 1990年6月,气象干部职工踊跃参加集体文体活动。图为篮球比赛

▲ 1998年9月,广东省气象系统首届歌咏比赛在阳江市闸坡镇举行

▲ 1999年10月,广东省气象局举办"庆祝中华人民共和国成立五十周年"歌舞晚会

▲ 2005年11月,广东省气象部门举行文艺汇报演出

▲ 2006年6月,广东省气象局直属机关举行第五届毽球赛

▲ 2006年11月,广东省气象局参加首届"华风奖"全国气象行业文艺汇演,中国气象局副局长许小峰(右图后排左八)和广东省气象局党组书记、局长余勇(右图后排左七)等领导同志与演职人员合影

▲ 2007年7月,广东省气象局举行第五届职工运动会

▲ 2009年9月,广东省气象局直属机关举行"庆祝新中国成立60周年"歌咏比赛　　▲ 2009年11月,广东省气象局举行第六届职工运动会

▲ 2009年12月,广东省气象局主办"与祖国同行创事业辉煌——广东省气象部门庆祝中国气象局建局60周年歌咏比赛"

▲ 2010年3月,广东省气象局举行庆祝"三八"节系列活动之跳绳比赛

▲ 2010年4月,广东省气象局举行庆祝"三八"节系列活动之篮球比赛

▲ 2010年7月,广东省气象局举行第三届飞镖大赛

▲ 2012年11月,广东省气象部门举行首届"珠江杯"羽毛球赛

精神文明建设篇 **广东**

▲ 2013年4月，广东省气象局参加广东省直机关团员青年"新思想·新形象·新业绩"演讲比赛

▲ 2016年12月，广东省气象局举行直属机关第九套广播体操比赛

2018年8月，广东省气象部门举行羽毛球比赛 ▶

2018年10月，广东省气象局在全国气象部门羽毛球比赛中获得总冠军 ▶

149

台站建设篇

中华人民共和国成立初期，广东省各市、县台站业务用房平均面积不到 300 平方米，且普遍存在建设年代久远、配套设施落后、观测环境差等现象。经过 70 年的建设，全省现已拥有各类气象台站 96 个，业务用房总面积达到 36 万平方米，台站观测场探测环境最新综合评分达到 88.6，达标率 97.67%，为气象业务发展提供了有力支撑。

部分市、县台站建设

梅州市、县气象局台站建设

▲ 20 世纪 90 年代的梅州市气象局旧址

▲ 2019 年的梅州市气象局

▲ 1983 年,梅县气象局技术人员在工作

▲ 2001 年落成的梅县气象局办公楼

2018 年的梅县气象局会议室 ▶

▲ 1976 年的丰顺县气象观测场,气象工作人员在观测天气

▲ 2019 年的丰顺县气象观测场

清远市气象局台站建设

▲ 建于 1956 年的清远县气象站（照片摄于 1962 年）

▲ 1974 年竣工的清远县气象站办公楼

◀ 1995年的清远市气象局新办公楼和观测站

◀ 2013年的清远市气象局

河源市、县气象局台站建设

▲ 1965年3月的河源气象站

2019 年的河源市气象局 ▶

▲ 1954 年 7 月的连平县气象站

▲ 2019 年的连平县气象局

▲ 20 世纪 60 年代的龙川县气象观测场

▲ 2019 年的龙川县气象观测场

阳江市、县气象局台站建设

▲ 20世纪90年代初期的阳江市气象局

▲ 2019年的阳江市气象防灾减灾中心

▲ 20世纪60年代初期的阳春县气象站

▲ 2019年的阳春县气象局

▲ 1993年建成的阳江714型天气雷达

▲ 2019年的阳江天气雷达站

韶关市、县气象局台站建设

▲ 1970 年的韶关市气象局

▲ 2019 年的韶关市气象局

韶关市天气雷达站 ▶

▲ 1988 年的曲江县气象局大门实景

▲ 2019 年的曲江县气象局

▲ 建于 1959 年的翁源县气象站（照片摄于 1965 年）

▲ 2019 年的翁源县气象局

深圳市气象局台站建设

▲ 1984 年的深圳市气象台业务楼

▲ 1991 年的深圳市气象台观测场

◀ 深圳新一代天气雷达站

竹子林气象观测基地（深圳国家基本气象站）

潮州市气象局台站建设

▲ 1956年10月建成的广东省潮安气候站

▲ 2019年的潮州市气象局

汕尾市气象局台站建设

▲ 1958年的海丰县汕尾气象站

▲ 2019年的汕尾市气象观测场

◀ 2019年的汕尾市气象局（新型台站）

◀ 2019年的汕尾国家天气雷达站

东莞市气象局台站建设

◀ 1985年的东莞市气象局

2019 年的东莞市气象局 ▶

江门市、县气象局台站建设

▲ 2004 年投入使用的江门市气象局

▲ 2019 年的江门市气象局

▲ 1981年的恩平市气象局

▲ 2019年的恩平市气象局

▲ 1979年的新会县气象局

▲ 2019年的新会区气象局

◀ 新会银湖湾海洋气象综合探测基地

云浮市气象局台站建设

▲ 1988年的云浮市气象局

▲ 2019年的云浮市气象局

肇庆市气象局台站建设

▲ 1997年的肇庆市气象局

▲ 2019年的肇庆市气象局

佛山市、县气象局台站建设

▲ 1997年的佛山市气象局

▲ 2019年的佛山市气象局

▲ 1991年的三水县气象局

▲ 2019年的三水区气象局

茂名市气象局台站建设

▲ 1999年的茂名市气象局

▲ 2019年的茂名市气象局

其他台站现今风貌

▲ 广州市气象监测预警中心

▲ 广州市番禺区气象局

▲ 揭阳市气象局

▲ 汕头新一代天气雷达站

▲ 湛江新一代天气雷达站

▲ 上川岛气象观测场

▲ 仁化县南岭生态气象中心

▲ 四会市气象档案馆

奉献与光荣篇

70年来，广东省气象部门全面贯彻执行党的基本理论、基本路线、基本方略，引导广大党员干部群众更加牢固树立以人民为中心的发展思想，把初心写在行动上，把使命落在岗位上，在气象预报预测、公共气象服务、应急防灾减灾救灾等方面取得了显著成绩，涌现出一大批贡献突出、事迹感人的先进集体和先进个人。

他们自觉把自身的前途命运同国家和民族的前途命运紧密联系在一起，用实际行动践行广东气象人"你的冷暖，在我心中；你若安好，便是晴天"的服务理念，推动广东省气象事业高质量发展，全面提高气象服务保障能力，助力广东经济发展，更好地发挥气象防灾减灾第一道防线作用。

心怀百姓冷暖　筑梦雪域高原
——记援藏干部林芝市气象局副局长汪悦国

作为国家第八批气象援藏工作队队长，3年来，汪悦国同志认真学习贯彻习近平总书记关于治边稳藏的重要论述，怀揣着初心与使命，全身心融入雪域高原，克服高原缺氧、交通不便等困难，经受了无数次生死考验，为受援单位带来了新思想、新技术、新面貌，用实干与奉献来诠释共产党人的情怀与担当，先后被西藏自治区党委、政府表彰为"第八批优秀援藏干部人才"，被中国气象局表彰为"全国气象系统优秀公务员"。

▲ 2018年10月，广东省气象局办公室人员采访援藏干部汪悦国（左一）

▶ 让频发的地质灾害逃不过气象人的"法眼"

林芝是西藏的江南，风景优美，旅游成为当地的支柱产业。林芝还是318国道的必经之地，川藏线要经过林芝。然而，这里的地质灾害频发，对游客和交通都造成了非常大的影响。研究藏东南地质灾害发生发展规律，搞清楚其背后的发生机理，为旅游和交通服务，这是汪悦国确定下来的第一个重要的工作目标。

2016年，汪悦国就和当地国土部门的领导接触，希望能够建立地质灾害预警平台。此前的地质灾害预报和预警主要以经验预报为主，科学性欠缺，准确率也不高。就在汪悦国为地质灾害预警系统四处奔波的时候，西藏的地质灾害接连不断出现大事件，如金沙江堰塞湖、雅鲁藏布江堰塞湖，震惊了全国。汪悦国在忙着做服务的同时，也在不断地思考这个问题，并且利用一切机会向地方领导汇报建设这个项目的重要性。

2019年4月，林芝地质灾害预报预警平台获得林芝市政府立项，建设资金300万元，由气象和国土两个部门共同完成项目的建设任务，做相关的研究和技术开发。项目建成后，地质灾害就难逃气象人的"法眼"了。

▶ 下大力气提升预报准确率

林芝位于西藏的东南部，受局地气候的影响，天气多变，是全区最难预报的区域。尽管难报，但不能以此作为报不准的借口，提升预报质量成了汪悦国主抓的另一件重点工作：让广东的"雨燕"落户藏东南。

相比林芝现有的天气预报平台，广东的雨燕系统更先进，预报产品更多。更重要的是，该系统能够为预报员智能地推荐最优的预报模式，这一点极大地方便了预报员的工作。林芝气象台的预报员一直保留着一个传统，那就是每天都会由值班预报员去绘制三线图。雨燕系统引进之后，这一历史才宣告结束，系统能够准确地绘制出各种需要的图表，而且可以存档和调阅，进一步方便了预报员的使用，同时也节省了他们的时间，便于他们把时间用在更重要的事情上。

引进系统改善了当地天气预报的技术，但要从根本上提高预报质量，关键还在人，要提升当地业务人员的素质。援藏期间，汪悦国协调落实35名骨干到广东、福建、云南学习交流。

在汪悦国和同事们共同努力下，林芝气象预报服务工作得到了社会各界的充分肯定，林芝气象信息登上《林芝党政要情》头条达20多次，2017年和2018年，林芝短时预报质量分别位居西藏自治区第一名和第二名，在自治区气象部门预报服务竞赛中，林芝取得团体第二名的好成绩。

▶ 让气象服务走进领导和群众的心坎

在新的工作岗位上，汪悦国主抓业务工作，气象服务是气象业务的最终体现，是气象部门的根基。为了让林芝的气象服务产品能够更好地"落地"，能够让领导搞清楚，老百姓看明白，需要下大力气进行改进。汪悦国利用自己援藏干部的身份开始向广东省气象部门求助，收集了大量的服务产品样本和案例，并参考这些样本开始对林芝的气象服务产品进行升级换代。

在援藏期间，林芝市多次组织林芝旅游文化节、桃花节等重大推介活动，2017年米林县发生6.9级地震、雅鲁藏布江发生百年一遇的洪水，2018年米林加拉村发生雅鲁藏布江堰塞湖、2019年墨脱发生6.3级地震等，每一次重大气象保障服务，汪悦国都坚守在一线，组织技术人员会商研判，为政府第一时间提供科学决策资料，为老百姓救灾避险传递及时准确的气象信息。

林芝市委书记马升昌对气象服务工作给予高度评价："近年来，林芝气象预报服务工作变化非常大，特别是能紧密结合地方实际，主动作为、主动服务，重大气象灾害信息能够在第一时间发送到各级领导和老百姓手中，在林芝防灾减灾和服务地方经济社会发展中发挥了重要作用。"

抓好党建促脱贫攻坚 找准帮扶项目办实事
——记徐永辉同志先进事迹

徐永辉，男，现年44岁，大学本科，中共党员，现任广东省广州市白云区气象局调研员。按照广东省委、省政府部署，徐永辉从2016年4月起被广东省气象局选派到广东省湛江市雷州市雷高镇符村担任精准扶贫驻村工作队队长兼任村第一书记。在工作中，他努力学习，提高政治理论水平和扶贫业务技能；抓好基层党建促脱贫攻坚；落实帮扶措施，实施帮扶项目，成效显著；开展部门特色扶志扶智；严要求、守住廉洁底线。

▲ 徐永辉（右）向村民传授农业技能

▲ 徐永辉下田地进行农业指导（右一）

▶ 夯实基层党建工作，促进乡村振兴

2016年4月28日，徐永辉带领工作队进驻符村正式开展脱贫攻坚，呈现在工作队面前的是一个破烂不堪的村委会：办公场所狭小、垃圾成堆、污水横流、杂草丛生。村干部年龄偏大，精神面貌不佳，村集体经济发展滞后，村民贫困发生率高达14%。村民间流传着"垃圾靠风刮，污水靠蒸发，道路靠鞋压，屋外脏乱差"的话语。徐永辉及时向广东省气象局党组汇报情况，省气象局党组研究决定"两手抓、两条腿走"：既要精准识贫、精准施策、确保贫困户可持续增收，实现致富脱贫；也要抓好农村基层党组织阵地建设，以点带面抓民生项目，推动村容村貌改变。2016年9月，经村两委干部、村民代表会议商议，同意由广东省气象局自筹资金进行村委会公共服务站综合改造。徐永辉亲自设计绘制建设草图，积极联系省气象局重点项目建设办到村指导规划设计，联系设计公司对草图进行深化完善设计。2017年3月，最终设计定稿出蓝图；2017年6月，由雷高镇纪委监督在镇三资管理平台组织招投标；2017年7月，村委会公共服务站综合改造项目正式动工；2017年12月，综合改造项目完成。

▶ 脱贫攻坚，不漏一户不落一人

2016年5月，在全面排查、精准识贫、建档立卡阶段，徐永辉发现有个叫宋政四的农户搬离到隔壁村委会居住。通过了解，宋政四与一些村民甚至个别村干部发生过矛盾，不相信党的脱贫攻坚政策，不愿配合村干部的筛查工作。徐永辉带领工作队和村两委干部到宋政四家探访，反复向宋政四介绍宣传脱贫攻坚政策，消除他的顾虑和疑惑。通过实地核查，徐永辉了解到，宋政四一家有五口人，妻子患有大病，三个儿女分别就读初中和小学，耕地少、劳力缺、住房破烂，全家生活仅靠宋政四务农和打零工维持，生活确实贫困。

为了脱贫攻坚不漏一户不落一人，经过驻村工作队和村两委干部会议研究，报经村民代表大会民主评议同意将宋政四一家五口人纳为贫困户并建档立卡，由驻村工作队和村两委进行帮扶脱贫。徐永辉按政策通过协调镇扶贫办、镇民政办、镇教育办，帮助宋政四一家办理了低保、医保、社保，为其妻子申请了大病救助补贴，为其三个儿女各申请了每学年五千元的教育补贴，为其购买了黄牛、农用三轮车等生产工具资料，对宋政四进行了劳动技术技能培训并推荐务工就业。目前，宋政四妻子身体逐渐恢复，能从事轻劳动；其儿女就学稳定、学习成绩优秀；宋政四本人2017年下半年到东莞市玩具厂务工，每月有3500元的工资收入。宋政四一家能实现稳定脱贫。

▶ 关注民生，想方设法办好事办实事

2016年5月，在走村入户的全面排查中，徐永辉发现村委会下辖东边自然村几乎家家户户院子里都有一到数个大瓦缸，经过向村民及村干部询问了解，原来东边自然村只有78户307人，在当地属于微小型村落，当地政府每年安排的通自来水、通硬底化路建设指标都排不上这个村。村民只好打个小型浅水井用水，遇上干旱，饮水都困难；进出村的是2千米的土路，晴天灰尘滚滚，雨天泥泞不堪。全自然村村民饮水难、行路难，徐永辉看在眼里急在心里，决心要为东边自然村的民生办好事办实事。徐永辉多方奔走多单位联系，协调了雷州市扶贫办、雷州市水务局、雷州市公路局、雷州市交通局，寻求对深度贫困村的支持和帮助。

2017年10月，雷州市水务局安排了通自来水建设指标55万元，2018年5月打下160米的深井，2018年9月建好50吨22米高储水塔，2018年10月铺设饮水管网。现在，村民喝上了安全自来水。2017年12月，雷州市交通局安排了通硬底化进村路建设指标66万元，2018年9月正式开工。东边自然村村民无比欢欣鼓舞，都说："感谢中国共产党，让老百姓喝上甘甜水，走上幸福路！"

敬业奉献的"最美奋斗者"
——记"离台风最近的人"杨万基

▲ 杨万基正在工作

他35年如一日,密切关注风云变幻,准确记录阴晴冷暖,为预报天气提供宝贵的基础数据。他35年如一日,以气象观测站为家,无悔奉献,忠诚坚守。他35年如一日,用汗水、心血和青春,在国家三类艰苦气象站,一篇又一篇地书写着出色的人生华章!

▶ 扎根海岛气象三十五载

1981年,18岁的杨万基开始了他扎根海岛的气象工作生涯,那时的上川岛气象站交通不便、补给缺乏、人心浮动、队伍缩小,人数最少时只有4名职工。对于杨万基来说,站即是家,家即是站。35年来,他始终没有离开过自己的岗位,从未向上级提出过调离海岛的要求。

谈起他的工作,他自豪地说:"别看这里是基层站点,却是我国最靠近南海的气象站,观测资料对台风走向的研判非常重要。每次台风期间全省气象台视频会商,上川岛气象站都是仅有的旁听站点,随时准备接受预报员询问。一旦我们这里风力超过8级,上川岛的轮渡就必须停航。仅在2016年,上川岛8级以上大风天气就多达40多天。停不停航,气象观测数据说了算。"

上川岛有"二多"——蛇虫鼠蚁多、台风多。因此,在这里工作要有积极的心态,要耐得住寂寞,经得住考验。每当回忆起2008年的台风"黑格比",这位经过无数风雨的老同志仍心有余悸:16级以上的超强台风将观测场的不锈钢围栏掀翻吹倒,单人在室外根本无法站立。为了保证观测数据不中断,杨万基带领观测员们冒着生命危险,三人一组,

▲ 顶着狂风暴雨做观测的杨万基(左)

用绳索捆绑着连在一起,坚持完成一小时做一次台风加密观测。一段只有 20 余米的路,他们走了十多分钟,在受强台风"黑格比"影响的 36 个小时里,全站同志平均每人只休息了 3 个小时。就是这样日复一日,搏击风雨,以杨万基为首的上川岛气象人坚守在这里,在区域气象资料数据交换中,这个南海边小站的气象数据永不间断。

▶ 做现代化的气象"岛主"

上川岛气象站建自 1957 年,既是"家"又是"办公室"的房子年久失修,特别是暴雨台风天,屋外下雨屋里漏,几乎成了"水帘洞"。站里的职工做完测报后,还得花大量时间清理积水。作为站长的杨万基忧心忡忡,想尽办法改善台站基础设施。

▲ 上川岛气象站第一代业务用房(建于 1969 年,已拆除。摄于 1987 年,前排右一为杨万基)

2009 年,江门市气象局为上川岛气象站新建了一个海岛观测站,提高了上川岛站的观测能力。中国气象局在上川岛气象站建设了台风观测实习基地,大大改善了岛上的工作生活环境。上川岛气象站 2014 年升级为国家基准气候站,现在气象观测实现了自动化,大大解放了人力,杨万基喜气洋洋地说:"从 2014 年起,我们平时不用再上夜班了,气象观测业务逐步现代化。现在,我们有条件送新职工去学习,其他单位羡慕得很。上一届的镇委赵书记还和我半开玩笑说,现在上川岛气象站绿化得这么美,我们得把这块土地收回来才行!哈哈,我们气象部门现在也成了香馍馍啦!是气象现代化建设给了我们底气。"

▲ 上川岛气象站新貌

一颗平凡心　守护端州晴
——记2018年巾帼建功代表彭端

作为一名女气象工作者，她用辛苦付出为一线预报业务奉献一份力量，保一方百姓平安。身为广东省2000多名基层气象干部中的一员，她一步一个脚印走到今天，成为一名高级工程师，成为一名肩负全市气象保障服务重任的台长，在助力广东省迈向更高水平气象现代化的进程中不懈求索、奋发有为、乐于奉献、不惧风雨磨砺，在建设中国特色社会主义的伟大征程上阔步前进，开创新气象！

▲ 彭端（近一）与同事们会商天气

她是来自于广东省肇庆市气象局的彭端。1995年，彭端毕业分配回到家乡从事天气预报工作，一干就是23年。她从一个初出茅庐的小丫头，一步一个脚印走到今天成为一名高级工程师，成为一名肩负全市气象保障服务重任的气象台台长。"把每一件简单的事做好就是不简单，把每一件平凡的事做好就是不平凡。"工作没有捷径，脚踏实地，认真负责，是彭端永恒的课题。

2006年8月2日，台风"派比安"严重影响肇庆，又是气象台通宵达旦的一个夜晚，8月3日凌晨3时30分，彭端还坚守在值班室，做最后的分析，要赶在学生上学前给出是否发布台风黄色预警信号的决策。台里灯火通明，大家不顾疲惫，以最快的速度查看风雨实况、会商、汇报、写材料……当准确、及时的预警信号发布完成后，大家提着的一颗心才悄然回落。

这样的夜晚数不清经历了多少次。广东台风暴雨灾害天气多、汛期长，预报员长时间不能休假，

▲ 2014年，彭端（前排右三）在台风"海鸥"影响期间连夜值班

工作压力和心理压力都很大。每到春节假日，彭端都尽量让离家远的同事回家探亲，自己留下值班。每到特殊天气，她总是买好可口的早餐，早早回到台里跟值班人员一起分享。值班之外，她也经常组织大家骑车、登山、郊游，压力在欢声笑语中得以释放，大家的心更近了，工作更有动力了。

广东暴雨频繁，西江洪涝首当其冲。彭端下决心要把西江暴雨洪涝预报做准确。克服人手少、资金短缺的困难，她组建了科研团队，进行西江防洪决策服务系统和珠江流域洪涝监测业务平台技术攻关，经过几年的不懈努力，该系统开始发挥作用，西江洪涝的预报预警水平得到明显提升，大大地减少人员伤亡，实现近10年西江暴雨致灾人员"零"伤亡。8小时工作之外，彭端坚持带领年轻人勤于科研攻关，先后主持5项省厅级立项科研课题、8项市级立项科研课题，在核心或省级以上刊物上发表论文近30篇。获得部级奖励2项、厅级奖励16项，多次被广东省气象局评为"重大气象服务先进个人"，2008年被全国妇联评为"全国三八红旗手"。

▲ 彭端（右四）带领党员参加实践活动

▲ 彭端（左一）给肇庆市市长讲解天气

风暴圈中的逆行者
——记气象新闻记者马俊

作为一名气象新闻记者，不但要敬畏自然，更要有新闻人的眼光、气象人的心！每一次的逆风而行、随风而动，都是为了让生命更安全，生活更美好！他是风暴圈中的逆行者——马俊。

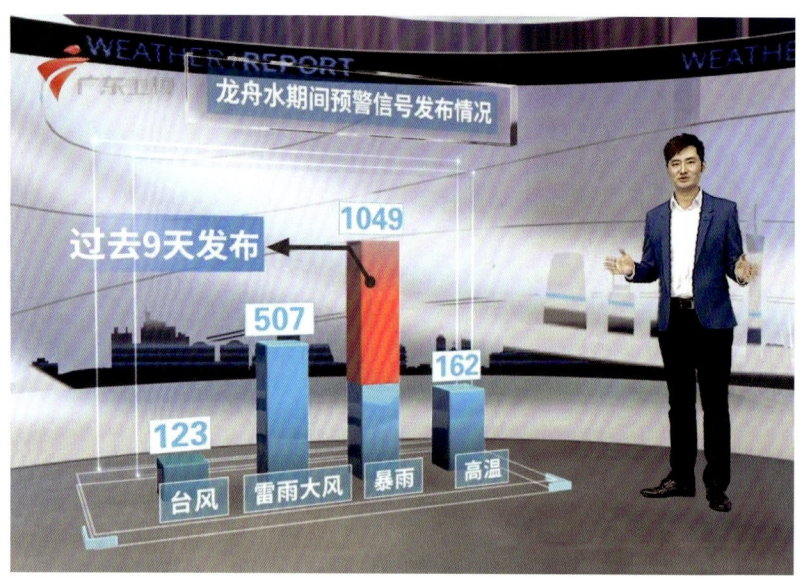

▲ 正在进行气象播报的马俊

2014年9月16日，台风"海鸥"登陆湛江，马俊所在的湛江市观海长廊的最大风力已达14级，劈头盖脸的风雨袭来，人根本就站不稳，最后他只好躲在一颗棕榈树后，紧紧抱着树干防止自己被吹倒。就是这段看似有些狼狈的视频迅速登上国内各大网站头版头条，受到高度关注！马俊也因此成为了大家口中的"网红"，被网友称为"抱树哥"。

广东是我国受台风影响最严重的省份。工作的第二年，马俊就开始了"追风"之旅，几乎每一个造访广东的台风都没有落下，算一算已经超过40个。2014年7月18日，超强台风"威马逊"登陆湛江徐闻，登陆时中心最大风力超17级！而马俊的直播就是在这样的环境下开始的，从白天一直持续到夜晚，而直播地点也随着危险的不断升级从海边、街道一直退到墙角。就在下午5点直播开始时，他身旁高楼上一整扇窗户突然被狂风卷下，重重砸在离他不到两米远的地方，巨大的冲击力和突发状况让他大脑一片空白，而这时直播已经开始，马俊下意识说出的第一句话是："大家现在千万不要出门！"

在徐闻境内有33座70米高的风力发电塔，原本这些大家伙是可以抗15级台风的，但在这次台风中绝大多数都被摧毁。停水停电、通讯中断10天以上，就是这样，马俊在徐闻一待就是16天。

2017年8月，强台风"天鸽"来了，只不过这一次他瞄准的是人口稠密的珠三角！有这样的一段视频刷爆了朋友圈：在狂风暴雨中，一名瘦弱的男子试图用手推住一辆货车，不幸遇难。事情就发生在中山市坦洲镇，事后马俊也第一时间来到了这里，甚至采访到了之前和他一起推车的人。马俊问他："这么大的风雨，为什么还要去推车呢？"他的回答特别平静："不就是'打'台风嘛，哪一年不'打'啊？谁知道这个这么厉害……"面对像台风这样拥有巨大破坏力的自然灾害，不了解其威力的人还有很多，面对气象部门一次次发出的预报预警信息，不顾警示铤而走险的人还有很多！

气象科普、防灾减灾，任重而道远！像马俊一样的气象人的每一次逆风而行，随风而动，正是为了引导大家去敬畏自然，防御灾害，尊重生命！

▲ 马俊（下图右一）经常在恶劣天气中进行气象新闻播报

广东省气象部门"五一劳动奖章"获得者(部分)

▲ 2011年"全国五一劳动奖章"获得者刘运策(广东省气象台)

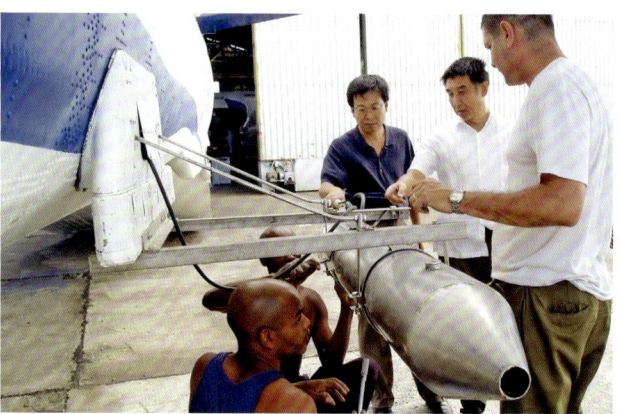

▲ 2005年"广东省五一劳动奖章"获得者吴兑(右三)(中国气象局广州热带海洋气象研究所)

▲ 2007年"广东省五一劳动奖章"获得者曾沁(广东省气象台)

▲ 2010年"广东省五一劳动奖章"获得者钟美英(梅州市五华县气象局)

▲ 2011年"广东省五一劳动奖章"获得者邓文剑(广东省气象台)

▲ 2011年"广东省五一劳动奖章"获得者王四化(广州市黄埔区气象局)

▲ 2013年"全国优秀青年气象科技工作者""广东省五一劳动奖章"获得者吴乃庚（广东省气象台）

▲ 2013年"广东省五一劳动奖章"获得者李阳斌（清远市气象局）

▲ 2014年"广东省五一劳动奖章"获得者罗桂森（清远市佛冈县气象局）

▲ 2015年"广东省五一劳动奖章"获得者李翠华（清远市气象局）

▲ 2016年"广东省五一劳动奖章"获得者殷美祥（广东省气象公共服务中心）

▲ 2017年"广东省五一劳动奖章"获得者周芯玉（广州市气象台）

"五一劳动奖章"获得者名单

所获奖项	姓名	获奖时所在单位
2011年"全国五一劳动奖章"	刘运策	广东省气象台
2005年"广东省五一劳动奖章"	吴兑	中国气象局广州热带海洋气象研究所
2007年"广东省五一劳动奖章"	曾沁	广东省气象台
2010年"广东省五一劳动奖章"	钟美英	梅州市气象局
2011年"广东省五一劳动奖章"	邓文剑	广东省气象台
2011年"广东省五一劳动奖章"	王四化	广州市气象局
2012年"广东省五一劳动奖章"	饶生辉	中山市气象局
2012年"广东省五一劳动奖章"	罗桂森	清远市佛冈县气象局
2013年"广东省五一劳动奖章"	吴乃庚	广东省气象台
2013年"广东省五一劳动奖章"	李阳斌	清远市气象局
2014年"广东省五一劳动奖章"	罗桂森	清远市佛冈县气象局
2014年"广东省五一劳动奖章"	许艾米	清远市气象局
2015年"广东省五一劳动奖章"	李翠华	清远市气象局
2015年"广东省五一劳动奖章"	顾世洋	佛山市顺德区气象局
2016年"广东省五一劳动奖章"	黄先香	广东省佛山市气象局
2016年"广东省五一劳动奖章"	殷美祥	省气象公共服务中心
2017年"广东省五一劳动奖章"	周芯玉	广州市气象局
2018年"广东省五一劳动奖章"	张凯涛	肇庆市气象局
2019年"广东省五一劳动奖章"	蔡景就	广东省气象台